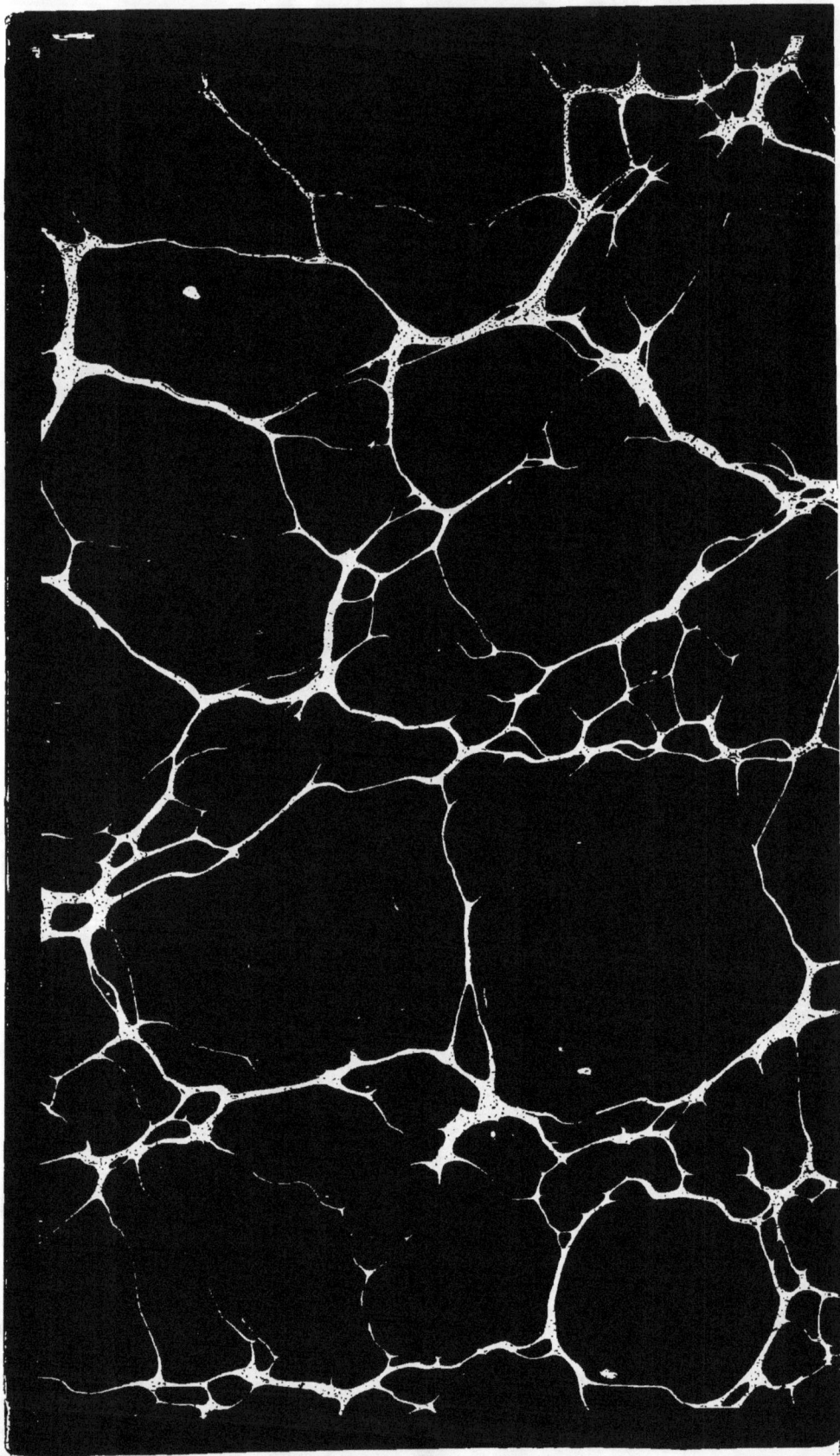

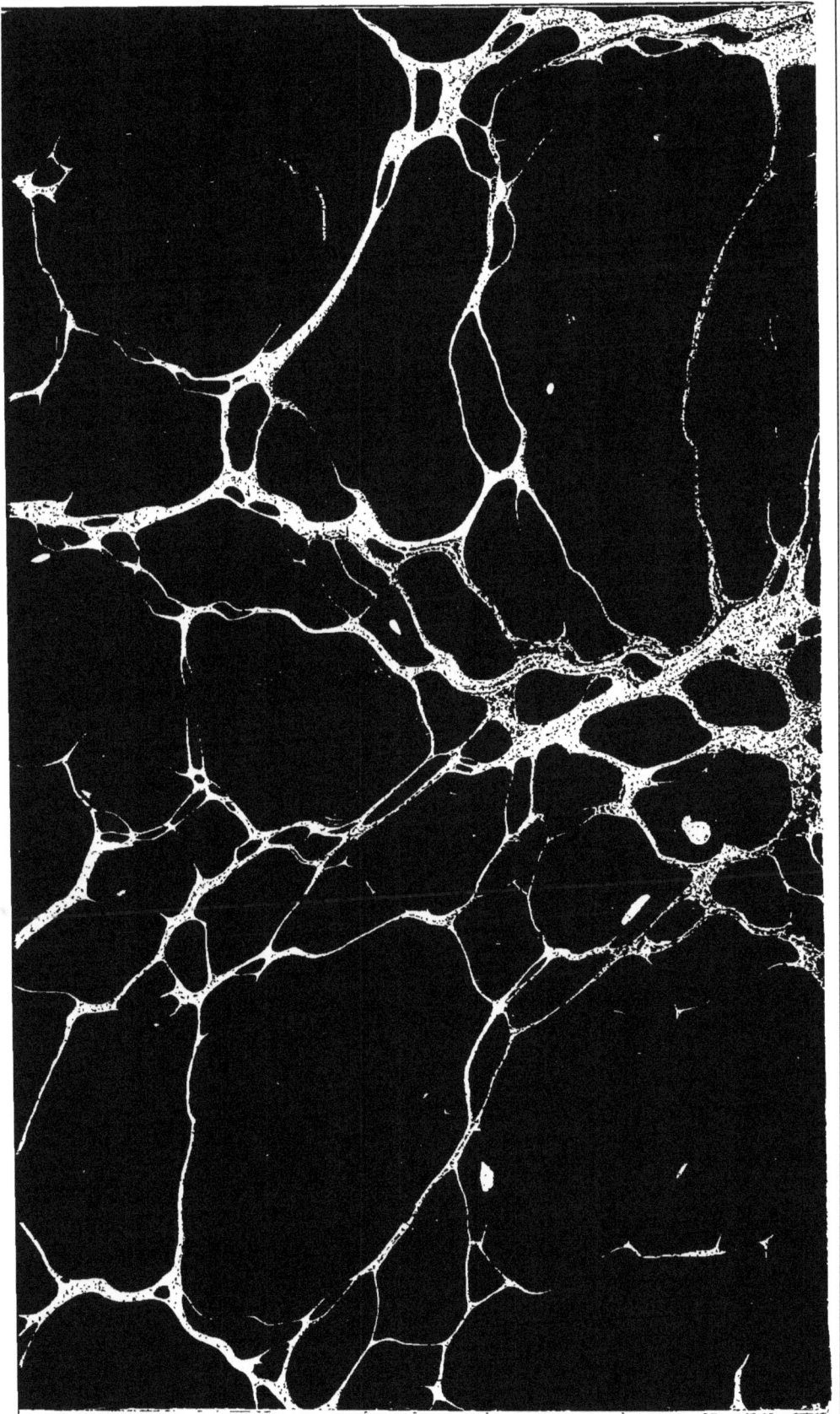

5

2 220

1691

ŒUVRES

DU MARQUIS DE FOUDRAS

EN VENTE :

OUVRAGES DU MARQUIS DE FOUDRAS.

LAGNY. — Imprimerie de A. VARIGAUTL.

MARQUIS DE FOUDRAS

LA
VÉNERIE
CONTEMPORAINE

HISTOIRE ANECDOTIQUE
DES VENEURS, CHASSEURS, CHEVAUX ET CHIENS ILLUSTRES
DE NOTRE TEMPS

DEUXIÈME SÉRIE

LES PASSIONNÉS ET LES EXCENTRIQUES

PARIS

E. DENTU, ÉDITEUR

LIBRAIRE DE LA SOCIÉTÉ DES GENS DE LETTRES

13 et 17, galerie d'Orléans, (Palais-Royal)

AVANT-PROPOS

Encouragé par le bienveillant accueil que le public a fait, l'année dernière, au premier volume de ma *Vénérie contemporaine*, je me décide à publier aujourd'hui la seconde partie de cet ouvrage. Si le succès surpasse encore une fois mon attente, d'autres volumes suivront celui-ci d'année en année, et, Dieu aidant, un jour viendra où j'aurai écrit sur la chasse et les hommes de chasse de mon temps un livre qui, je crois, n'existe dans aucune langue.

Mais pour en arriver là, j'ai besoin du concours de tous mes confrères en saint Hubert, et, ce concours, je le leur demande ici avec l'abandon d'une confiance absolue dans leur amour pour la science cynégétique, dont je raconte les efforts et les progrès. J'ai sous la main *le Livre d'or* de leurs faits et gestes : qu'ils m'aident à en remplir les pages encore blanches en se faisant les collaborateurs de mon œuvre. Je ne leur demande pour cela que quelques lignes de loin en loin, dans leurs moments perdus, et mon bon sens se refuse à croire qu'ils puissent rester sourds à cet appel.

La troisième partie de mon travail, qui paraîtra au printemps de 1864, transportera le lecteur dans cette partie du midi de la France où la grande chasse à courre n'est pas moins en honneur que dans nos provinces du centre : je veux parler du Médoc et des Landes de Gascogne. Elle contiendra ensuite quelques cha-

pitres assez curieux sur le *drag* de Pau, impor-
tation anglaise dont l'historique ne manquera
pas de réjouir singulièrement nos vaillants et
rudes chasseurs de cerfs, de loups et de sangliers.

Ce troisième volume est prêt à être mis sous
presse.

MARQUIS DE FOUDRAS.

Moulins-sur-Allier, septembre 1863

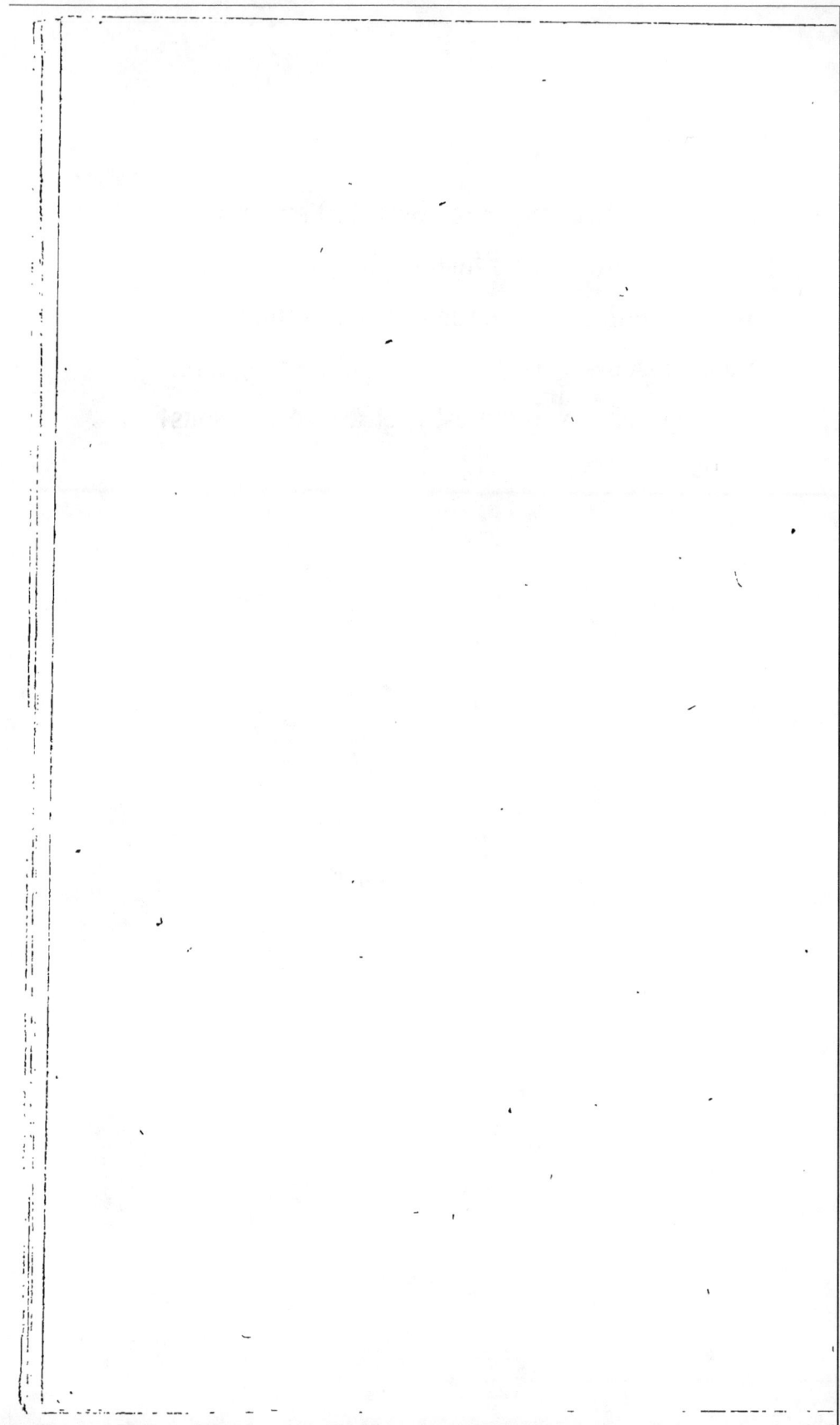

LA

VÉNERIE CONTEMPORAINE

LES

VENEURS DU NIVERNAIS

I

M. CHARLES FROSSARD

C'est une des lois fondamentales de ce monde, que toujours d'un élément en dissolution un autre renaisse pour le remplacer, et souvent même avec avantage.

Il arriva donc pour les anciennes meutes de la société *A moi Morvan !* ce qui était déjà arrivé pour quelques-uns des membres qui la composaient, c'est-à-dire qu'avant de se disperser et de se dissoudre comme grande organisation, elles laissèrent sur le théâtre même de leurs vieilles gloires des sujets capables d'en perpétuer le souvenir et de conserver intact le dépôt des bons exemples qu'elles avaient donnés.

Parmi les chiens du magnifique équipage de M. le marquis d'Espeuilles, l'illustre Satanas, cet anglo-normand du plus beau type, dont j'ai parlé à plusieurs reprises dans les études qui précèdent celles-ci, l'illustre Satanas, — dis-je, — s'était rendu célèbre dans toute la contrée par le plus rare assemblage de qualités morales et physiques qu'on eût jamais vu. Parfait sous le rapport de la richesse et de l'élégance des formes, il réunissait la force, la vitesse et le fond du sang britannique à la finesse de nez et à la droiture dans la voie de nos meilleures races françaises. J'ajouterai que bien qu'il eût plus particulièrement chassé le sanglier et le chevreuil chez son premier maître, le loup était resté son adversaire de prédilection, son ennemi intime, si je peux m'exprimer ainsi, et quand il avait un de ces animaux à poursuivre, sa menée, toujours brillante et sûre, n'avait alors pas d'égale pour l'ardeur et la fermeté. J'ai connu ce vaillant chien au château de Sully en 1835 et aux chasses de la Montâgne l'année suivante, et il est resté dans ma mémoire comme un des plus admirables spécimens de son espèce.

Eh bien, c'est de Satanas que sortira une race nouvelle, infiniment supérieure à toutes celles qui l'auront précédée, et cela grâce aux soins persévérants et au zèle infatigable d'un homme doué d'un de ces génies créateurs en qui le feu sacré se révèle, comme chez

Pic de la Mirandole, dès le début de leur carrière quelle qu'elle soit.

Pendant que les plus illustres veneurs du Nivernais rompaient sans retour avec toutes les saines et glorieuses traditions de notre passé cynégétique, pour se livrer désormais aux rapides et muets déduits du *Sport* à la façon d'outre-Manche, un conservateur passionné et convaincu de l'ancien système, un ultra de vénerie, si l'on veut, grandissait obscurément à l'ombre des vieilles tourelles du manoir de Guipy : c'était M. Charles Frossard, l'homme dont je viens de parler à propos de Satanas.

Il en est du chasseur comme de tous les autres artistes, car le chasseur est un artiste lui-même. Si chez lui l'imagination l'emporte sur le jugement, il aura la fougue incohérente de ces peintres qui sacrifient tout à l'éclat de la couleur et à l'exagération de la mise en scène : en un mot, il sera romantique. Si, au contraire, la nature l'a doué d'un sens réfléchi, d'un esprit observateur et pratique, et d'une intelligence organisatrice, il se fera remarquer par la sagesse de ses travaux et la persévérance qu'il mettra à les perfectionner toujours de plus en plus, d'après le précepte de Boileau, ce qui signifie que, veneur éminemment classique, il ne chassera jamais qu'en se conformant aux leçons des maîtres reconnus de la science, ses glorieux devanciers dans la voie qu'il a choisie.

Né avec un caractère positif, un esprit également investigateur et tenace, et une disposition précoce à outrance à surveiller, comme un dandy consommé, la correction de sa mise aussi bien que celle de ses manières et de ses allures, Charles Frossard devait tout naturellement apporter un soin extrême à l'organisation de ses plaisirs, et les traiter en quelque sorte comme des affaires sérieuses. Dès les premiers mois de son entrée au collège Louis-le-Grand, alors qu'il n'était qu'un enfant encore, les dispositions dont je viens de parler se trahissaient déjà dans ses discours d'écolier, grave avant le temps. Son pupitre, modèle d'ordre comme la case d'un vieux soldat, ne servait jamais d'asile aux pierrots, aux souris apprivoisées et aux hannetons destinés à troubler le sommeil de l'infortuné pion. Rare début de collège assurément.

Mon héros a raconté de la façon la plus divertissante que Darius l'intéressa vivement et lui apparut comme une des plus grandes figures de l'histoire, le jour où son livre de versions le lui eut montré ordonnant qu'on inscrivît sur son tombeau qu'il avait été toujours heureux et habile à la chasse, pauvre roi vaincu se consolant ainsi de ses défaites par le souvenir de ses succès dans un art qui ressemble à la guerre. Pour achever de donner au lecteur une idée des tendances littéraires du jeune élève de Louis-le-Grand, j'ajouterai que Charles Frossard mettait Oppien bien au-dessus du suave Virgile, et qu'il préférait par conséquent de beaucoup aux ravissants préceptes que le second nous donne dans ses *Géorgiques*, les nobles maximes du premier dans son livre *De venatione*. Cet opuscule faisait sa lecture favorite, et de très-bonne heure il y avait particulièrement remarqué ce passage qui est devenu plus tard la règle de conduite de toute sa vie, l'article premier et la pensée dominante de son symbole de veneur toujours à la recherche de la perfection autant qu'elle peut exister en ce monde :

« *Jam vero primùm curabis, ut optima quæque et generosa canum genera admiscere paratur, nunquam degenerens inguino, sed congrua jungas.*

« *Chasseurs, veillez par dessus tout aux alliances qui doivent vous constituer une race ; ne mêlez jamais entre eux que les sangs les plus généreux et les plus purs ; gardez-vous de laisser pénétrer, sous le prétexte d'une qualité de hasard, un métis dans une famille de bel ordre, où les vertus et mérites doivent être héréditaires comme la beauté physique ; en un mot, ne mariez que des sujets dont les avantages respectifs légitiment les unions.* »

Cette traduction un peu libre, très-libre même, résume le système employé par M. Charles Frossard pour arriver à *se bien monter* de chiens, comme l'on dit encore dans certaines provinces avec une naïveté pittoresque de langage que je mets quelquefois bien au-dessus de la correction.

Les esprits essentiellement patients, méthodiques et *perfectionneurs* procèdent toujours par ordre et donnent volontiers dès le début le caractère de la durée et de la régularité à leurs entreprises, en général méditées longuement. Aussi Charles Frossard voulut-il se préparer de bonne heure à la carrière vers laquelle il

se sentait appelé. A l'âge où le plaisir ne se présente
encore à l'imagination mobile d'un enfant que sous la
forme d'une bille, d'un cerceau ou d'un ballon, il se
révélait déjà à celle de mon personnage avec l'escorte
d'une meute de chiens courants et la compagnie d'un
piqueur, la trompe au poing, sonnant l'hallali. De
même que les rêveries de ses journées ne peuplaient
son imagination que de scènes de chasse, c'était la
chasse encore, sous toutes ses formes diverses, que lui
représentaient les songes de ses nuits. Pendant que ses
compagnons s'ébattaient aux jeux de leur âge, lui,
pensif et solitaire, cherchait par quel moyen il arriverait à réaliser sa chimère favorite à l'époque où il retournerait sous le toit paternel. Les jours de sortie, au
lieu de visiter les musées, de parcourir les promenades
ou de *flâner* dans les passages, un mauvais cigare à
la bouche et les poches bourrées de macarons poudreux,
il se dirigeait à grands pas vers un de ces gymnases
bruyants dont Baptiste, Tellier et Leroux sont les sa-
vants professeurs depuis plus d'un quart de siècle.
Aussi Charles Frossard, lorsqu'il lui fut enfin permis
de quitter la tunique et le képi de collégien pour
prendre le frac vert et la cape de velours du sportman
en herbe, n'avait-il plus rien à faire que de passer de
la méditation à l'action.

Son père, riche et laborieux propriétaire, dirigeait
avec le plus honorable succès, une maison de banque
dans une des villes du département de la Nièvre, et à
la manière des chefs de famille de la Suisse et des États-

Unis, il eût voulu préparer son fils à lui succéder un jour. Charles Frossard, en homme qui respecte le quatrième précepte du décalogue, essaya de se soumettre au travail des bureaux; mais les murs d'un comptoir étaient un horizon trop borné pour ses regards façonnés en esprit à percer les sombres profondeurs des forêts, et la langue de l'escompte semblait trop peu sonore à son oreille remplie encore du son majestueux des trompes. Il eût rapidement dépéri dans cette atmosphère de négoce, et, justifiant une fois de plus l'excellence de cet adage du spirituel poëte Gresset : — *Nos goûts font nos destins* — il annonça un beau matin à son père qu'il ne pouvait vivre qu'au soleil ou à la pluie, et que, pour être heureux, il lui fallait le manoir de Guipy pour séjour, et des chiens pour société. Vainement l'honnête banquier, comme le digne M. Obaldistone, du beau roman de Rob-Roy, fit-il passer devant les yeux du jeune obstiné tous les avantages du compte courant, de l'échéance et du livre de caisse, Charles réfuta tout, refusa tout et persista à vouloir prendre la carrière de veneur, lançant au vieux banquier, pour argument suprême, cet aphorisme de Gaston Phœbus :

« *La chasse sert à fuir tous péchés mortels ; bon veneur a en ce monde joye, liesse et déduits, et après aura paradis encore.* »

Un homme de négoce, qui parle six pour cent et à qui l'on répond paradis, doit nécessairement se reconnaître vaincu, car ici l'intérêt du capital de la vie arrivait à des proportions qui dépassaient l'usure la plus colossale. Satisfaire sa passion dominante en ce monde et jouir du bonheur des bienheureux dans l'autre, quel triomphante spéculation ! M. Frossard père courba la tête, et son fils respira à pleine poitrine hors des bureaux de la maison paternelle.

Il avait entendu parler maintes fois du vieux Satanas, aussi n'eut-il rien de plus pressé que de faire le voyage de la montagne Saint-Honoré pour s'assurer par ses propres yeux que les formes de l'animal, répondant à ses qualités bien connues, réalisaient l'idéal du chien parfait tel qu'il l'avait rêvé.

Introduit dans le chenil, il examina longtemps Satanas en homme profondément convaincu que son avenir dépend du parti qu'il va prendre. La structure du célèbre anglo-normand lui parut d'autant plus irréprochable qu'elle était, dans ses parties les plus essentielles, conforme à cette description d'Oppien, l'un des maîtres chéris et vénérés de sa petite jeunesse.

« ... *Fulgentibus igne luminibus glaucis...*
« ... *Atque breves obducat flaccida pellis*
« *Auriculas ,pectusque ingens et plurima cervix.* »
« ... *Ses yeux brillaient d'un vif éclat... Ses oreilles minces et courtes se détachaient en tire-bouchons... Sa poitrine était profonde, et large était son crâne.* »

L'idéal rêvé était bien devant Charles Frossard !

Il conclut son traité avec le piqueur du marquis d'Espeuilles, et, quelques jours après, deux lices magnifiques, que le jeune veneur tenait de son frère utérin, M. Cornu de Langy, un ancien compagnon des célèbres chasses du vieux Charrier, dans les grands bois d'Azy, entraient à Guipy portant dans leurs flancs les germes d'une lignée de chiens qui devait bientôt effacer les plus belles et les meilleures meutes du pays. C'était du moins l'espérance de Charles Frossard.

Et en effet, le succès surpassa même son attente. Ce croisement, conçu avec une sagacité et une patience de conspirateur, produisit des rejetons de la plus splendide apparence, très-vigoureux, suffisamment vites et pourtant bien collés à la voie, superbement gorgés, et de plus dociles et sages.

A partir de ce moment, Charles Frossard ne fut plus seulement un habile veneur, il devint aussi un maître dans la science si compliquée et si délicate des alliances, un véritable artiste en accouplements, un généalogiste infatigable et incorruptible comme feu d'Hozier. Il se livra avec l'ardeur d'une foi profonde à la recherche des origines de l'aristocratie canine, comme un chroniqueur qui fouille sans relâche l'histoire pour remonter à la source des grandes races chevaleresques qui ont illustré la patrie. Et toujours de nouveaux essais succédaient à ses découvertes, avec des résultats chaque fois plus merveilleux. Son cerveau, semblable à celui de l'immortel Cuvier, absorbait tout, casait tout, retenait tout et savait trouver au besoin, sans la moindre hésitation, le renseignement qui lui était nécessaire, soit pour éviter une mésalliance, soit pour ne pas tomber dans la faute souvent fâcheuse d'une union

à un degré prohibé. Il pouvait vous dire dans quel
sang prédomine telle ou telle qualité, et combien, après
tant et tant de croisements successifs il en reste de
gouttes dans les veines de la génération la plus nouvelle. Il avait des correspondants dans tous les pays
pour le renseigner sur les partis les plus avantageux
qu'il pouvait offrir à ses jeunes lices, et quand on lui
en avait indiqué un, il était semblable dans son ardeur
dévorante à ces mères de famille dont parle notre
grand romancier Balzac, qui seraient capables d'arrêter une diligence pour avoir des gendres. Le temps,
l'espace, la dépense, les impossibilités matérielles,
rien ne le rebutait. Il partait pour la Saintonge, la
Vendée ou la Normandie, et s'il ne pouvait arracher à
son heureux possesseur le sujet indiqué, il revenait
chez lui en toute hâte, prenait la lice nubile, la cui-
rassait de manière à la garantir de tous périls par les
chemins, et revenait la marier comme une princesse
qui va chercher son époux.

A l'heure où j'écris ces lignes, M. Charles Frossard
continue avec plus de zèle que jamais et une expérience que vingt années de pratique ont poussée jusqu'à la perfection, son œuvre de régénération de la
race canine. Il est encore dans la force de l'âge, actif,
curieux et chercheur comme s'il avait toujours à apprendre au lieu de n'avoir plus qu'à s'occuper de l'ap-
plication de ses connaissances acquises. Rien n'égale
sa vigilance et sa sollicitude pour tout ce qui concerne
les divers détails de son entreprise, et quand il a obtenu

d'un croisement nouveau des rejetons sur la légitimité desquels il n'a aucun doute, il les soigne comme des fils uniques de descendance royale. En toutes les saisons de l'année, il a dans ses étables deux vaches au moins dont le lait est consacré entièrement à fournir un supplément de nourriture aux élèves du premier âge sans épuiser les mères. Quant aux adultes, les substances alimentaires connues sous le nom de révalescière, etc., etc., etc., leur sont prodiguées au moindre signe de fatigue, de langueur ou de croissance trop rapide. Le vétérinaire n'approche jamais du chenil de M. Charles Frossard, qui s'est imposé la loi de surveiller lui-même, aussi bien la santé de ses chiens que la conservation de la pureté de leur origine. Cette dernière passe pour n'avoir pas reçu une seule atteinte sérieuse, et aujourd'hui si l'on voulait faire un chevalier de Malte ayant tous les quartiers exigés dans la ligne paternelle et dans la ligne maternelle, c'est au châtelain de Guipy qu'il faudrait aller le demander.

Il va sans dire qu'en apportant une semblable sollicitude à l'accomplissement de sa mission d'éleveur artiste, comme veneur militant, Charles Frossard, guidé par un profond sentiment de tendresse pour ses chiens, a dû chercher, avant tout, un piqueur qui fût capable, en toutes circonstances, de songer à eux avant de songer à lui, qui dans une longue marche serait assez dévoué pour placer à tour de rôle les plus las sur son cheval et cheminer lui-même à pied, et qui eût assez de courage et d'oubli de soi-même pour cou-

rir toute une nuit plutôt que d'en laisser un seul coucher au bois. Cet homme, après de nombreuses recherches et beaucoup d'essais infructueux, Charles Frossard a fini par le trouver, et il est à Guipy depuis dix
ans.

Le père François approche aujourd'hui de la soixantaine, et cependant nul ne l'égale pour suivre à pied
une chasse jusqu'au bout. Son pas régulier est le même
à la fin comme au commencement d'une longue journée. Aucun grand événement ne le lui fait hâter, mais
aucune fatigue ne le lui fait ralentir. La haute taille du
père François, sa constitution osseuse et nerveuse à la
fois, ses traits naturellement accentués et rendus plus
saillants encore par la maigreur de son visage, lui donnent une ressemblance frappante avec l'idée que nous
nous faisons de certains personnages des romans de
Cooper ou de Walter-Scott. Ses trente chiens lui obéis-
sent au moindre geste, et pourtant il n'a jamais employé avec eux le fouet comme moyen d'éducation. Il
sait que le maître ne veut jamais entendre un gémisse-
ment de ses animaux chéris, et c'est par la persuasion,
la patience et les bons procédés qu'il les dresse.

On aurait tort de conclure de tout ce qui précède
que Charles Frossard aime sa meute en égoïste. Il veut
au contraire que ses amis en jouissent comme lui, et
il est toujours prêt à l'envoyer chez ceux qui ont un
bon gîte à lui offrir et dont il connaît les vertus hospi-
talières. Seulement, il attend qu'on le prié, car il a de
la dignité pour son équipage. C'est aussi à lui que s'a-

dressent tous les veneurs débutants qui ont besoin d'un chien de tête pour mettre dans la voie leur meute encore inexpérimentée. Le châtelain de Guipy est constamment en mesure de satisfaire à toutes les demandes, et, malgré le haut prix qu'il met à ses élèves, il n'arrive jamais que les acheteurs regrettent d'avoir eu affaire à lui.

On m'a assuré que de tous les rêves ambitieux de Charles Frossard, le plus caressé, celui dont la réalisation lui causerait le plus de joie, serait aujourd'hui le mariage de sa plus belle lice avec le meilleur chien de la vénerie impériale. Il a déjà pris, dit-on, tous ses renseignements de manière à ne pas être trompé sur le sujet, et il ne lui reste plus qu'à découvrir la voie diplomatique qui peut le conduire à la réussite de cette grande affaire. Si l'alliance tant souhaitée se conclut, Charles Frossard en attend des résultats merveilleux, se confiant à cette parole connue — qu'il n'a peut-être manqué, pour qu'un autre Alexandre vînt au monde, que l'impératrice Catherine pût épouser le pape Sixte-Quint.

II

ENCORE M. ERNEST JOURDAN

Il me semble que la partie de ces études qui concerne les veneurs du Nivernais ne serait pas complète si je ne parlais plus de M. Ernest Jourdan du Mazot, que l'on doit considérer comme le dernier représentant de la vieille chasse française dans cette province. C'est d'ailleurs une de ces physionomies originales et attachantes qui gagnent à être burinées avec finesse après avoir été esquissées à grands traits, et qu'on étudie avec plaisir et profit quand on a été une fois à même de comprendre tout ce qu'elles offrent d'intérêt pour l'observateur. Ce qui distingue particulièrement M. Ernest Jourdan comme disciple de Saint-Hubert, ce qui fait de lui un homme tout à fait à part, c'est que sa passion pour la chasse ne lui a pas plus été inspirée dans son enfance par des traditions de famille, qu'elle n'a été fortifiée plus tard par l'influence de la mode ou le besoin de l'imitation. Il est né chasseur comme on naît grand poëte ou grand artiste, c'est-à-dire avec le sentiment de la chasse elle-même, et toutes les facultés nécessaires pour en jouir avec ivresse et la pratiquer avec gloire. Jamais la vénerie n'a été pour lui un passe-temps, un prétexte pour porter un costume autre que celui de tous les jours, une occasion de se réunir à des amis, ou un acte de complaisance pour les hôtes qu'il recevait sous son toit, et que tout naturellement il voulait distraire. Ce qu'il aimait dans la chasse, c'était la chasse seulement. Il n'avait besoin ni d'associés pour en partager les jouissances, ni de témoins pour en rehausser les succès, et dans sa manière de sentir, une lutte corps à corps avec un sanglier dans quelque gorge profonde du Morvan, sans un seul regard attaché sur lui pour admirer son sang-froid et son courage, était pour son âme une aussi grande ivresse que celle que pouvaient ressentir les vainqueurs des grands carrousels de Louis XIV. Dans quelque rang que le sort l'eût fait naître, il serait devenu ce qu'il a été, et il n'était au pouvoir de personne de lui procurer plus de satisfaction en fait de chasse qu'il ne savait s'en donner par lui-même. Il le sentait si bien, qu'un jour il répondit au marquis de Vitry, qui lui disait que s'il était le duc de Bourbon, il voudrait l'avoir à la tête de sa vénerie : — « *Nous ne pourrions pas nous entendre, parce que j'aime mieux chasser à ma fantaisie, avec mes douze ou quinze chiens, qu'au goût des autres avec un équipage de prince.* » — Tout l'homme était dans ces quelques paroles : chez lui la passion tenait une si grande place, qu'il n'en restait plus pour la vanité.

La nature, qui se plaît, dans ses mille caprices, à faire quelquefois des ouvrages parfaits, avait doué Ernest Jourdan d'une organisation physique tout à fait en harmonie avec le penchant exclusif que mes lecteurs lui connaissent. Il était d'une taille moyenne, parfaitement proportionnée dans toutes ses parties, et ses membres annonçaient tout ensemble la vigueur qui brave les plus grandes fatigues, et l'agilité qui se joue de tous les obstacles. Ses yeux, d'une vivacité singulière, dans lesquels se révélait à chaque instant la résolution de son caractère, voyaient à des distances énormes, et quand il écoutait, sa physionomie semblait dire qu'il entendait des bruits qui n'arrivaient à l'oreille de personne. Effectivement, la finesse de son ouïe était prodigieuse, et soit qu'il interrogeât la brise du haut de son cheval, soit que, mettant pied à terre, il appliquât sa joue sur l'herbe pour demander un indice aux tressaillements souterrains du sol, il était rare qu'il n'eût rien obtenu de sa tentative. Aussi, dans les réunions nombreuses, était-ce toujours lui, par le fait, qui dirigeait tout, bien qu'il ne cherchât jamais à prendre la place d'aucun de ses compagnons.

J'ai dit que ses débuts avaient eu lieu sur les lièvres et les renards avec quelques briquets qu'il avait réunis à sa rentrée sous le toit paternel. Plus tard, devançant l'exemple donné par M. Frossard, il s'était appliqué à se créer aussi une race faite à son image, c'est-à-dire infatigable et intrépide, et il y était parvenu en très-peu d'années. Alors il avait abordé la grande chasse du sanglier et du loup, et il s'y était montré promptement aussi supérieur que dans l'autre.

A cette époque, grâce aux persévérants efforts de MM. Brière, de Vitry et de Pracomtal, les loups étaient devenus excessivement rares dans tout le Nivernais et dans le Morvan en particulier. Les métayers ne s'en plaignaient pas, mais les chasseurs pensaient quelquefois qu'ils auraient dû un peu mieux ménager leurs plaisirs, et un peu moins écouter les doléances de leurs voisins. Une portée de louveteaux était une véritable pomme de discorde que se disputaient tous les veneurs du pays. Celui qui avait eu l'heureuse chance de la découvrir la cachait soigneusement aux autres, et l'attaquait souvent dès le mois de juillet, de peur d'être prévenu dans son dessein. L'absence des lois sur la chasse favorisait alors cette espèce de lutte sourde, et M. Ernest Jourdan y avait neuf fois sur dix l'avantage, car il était tout ensemble plus avisé, plus actif et plus entreprenant que ses rivaux, lesquels n'en restaient pas moins ses amis en le maudissant.

Ici se place tout naturellement une anecdote qui pourra donner une idée de la façon expéditive de procéder de M. Ernest Jourdan, et du constant bonheur qui présidait à toutes ses entreprises cynégétiques.

En 1835, l'été avait été de bonne heure extrêmement chaud. Le sol, aride même dans les bois, n'offrait partout que poussière ou herbe desséchée à prendre feu au contact de la moindre étincelle. Les nuits sans rosée ne changeaient pas cet état de choses, de sorte que les meutes que l'on promenait par les forêts du Morvan, pour les tenir en haleine, ne rencontraient jamais une voie sur leur chemin. On savait cependant, par les rapports des gardeurs de bestiaux, qu'une portée de jeunes loups grandissait mystérieusement près des champs Pommery. Les déprédations du père et de la mère ne laissaient aucun doute à cet égard, et tous les chasseurs de la contrée s'étaient mis en campagne, chacun de son côté, cela va sans dire. La Rosée, du marquis de Pracomtal, venait trois ou quatre fois par semaine rôder par là, et presque toujours il y rencontrait soit le piqueur du château de Limanton, soit le vieux garde du manoir du Plessis. On se faisait bon accueil, on échangeait quelques paroles amicales, on buvait même le pot de vin blanc dans la hutte du charbonnier, mais on se tenait sur la réserve, et d'ailleurs on n'aurait eu, de part et d'autre, que des désappointements à se confier. Seul, M. Ernest Jourdan n'avait pas paru songer à se mettre en mesure de profiter de la bonne aubaine des louveteaux, et il s'était tout simplement borné à venir s'embusquer un soir sur le bord de ce petit étang dont je vous ai parlé en vous racontant cette belle

chasse de louvard qui vit finir avec tant d'éclat la société *à moi Morvan!* Le rusé et vigilant chasseur passa
la nuit sur la chaussée, et, à la toute petite pointe du
jour, il eut la satisfaction de voir les jeunes bandits,
au nombre de six, qui se désaltéraient tranquillement
à deux cents pas de lui. Il ne lui restait plus qu'à les
laisser grandir et à souhaiter que ses voisins ne fissent
pas aussi cette découverte qui réjouissait son cœur.

Quelques jours après, le 27 juillet, une société assez
nombreuse était réunie dans une habitation des environs, dont le propriétaire, ami, compagnon de chasse
et admirateur d'Ernest Jourdan, venait de se marier.
Il était quatre heures de l'après-midi ; la chaleur avait
été grande dès le matin, et le soleil, encore dans toute
sa force, dardait des rayons brûlants à travers les per-
siennes derrière lesquelles se tenait la compagnie,
plongée dans une demi-somnolence que l'élévation de
la température rendait très-naturelle. Tout à coup la
fanfare de l'hallali éclate bruyamment dans la cour du
manoir. Comme la trompette du jugement dernier, elle
éveille tout le monde à la fois. On court aux fenêtres,
on les ouvre aussi vite que possible, et l'on aperçoit
Ernest Jourdan, la trompe aux lèvres. Il est ruisselant
de sueur ; sa veste de velours est jetée sur une de ses
épaules, à la façon d'une pelisse de hussard ; sa fidèle
carabine pend à son côté, et autour de sa selle s'éta-
lent six louveteaux dans les diverses poses pittoresques
de la mort violente.

— *Madame*, cria-t-il à la maîtresse de la maison, *je*

vous avais promis un tapis de fourrure pour mon pré-
sent de noce : le voilà !

La personne qui a été l'objet de cette galanterie a
raconté depuis que, dans cette circonstance, Napoléon
revenant du glorieux champ de bataille de Marengo ne
lui aurait pas semblé plus grand que M. Ernest Jourdan avec sa veste sur son épaule et ses six loups ac-
crochés aux flancs de son cheval.

Comme la maison paternelle se trouvait un peu trop
éloignée des cantons les plus giboyeux du Morvan, le
jeune veneur, pour qui le *confort* de la vie était une
chose très-insignifiante en comparaison des intérêts de
sa passion, le jeune veneur, dis-je, avait fini par établir son quartier-général dans une jolie petite ferme
qui lui appartenait en propre, et où il avait, comme
l'on dit vulgairement, ses coudées franches. Elle était
située à proximité de vastes cantons de bois possédés
par divers propriétaires avec lesquels il entretenait
d'excellentes relations, et qui se seraient fait scrupule
de gêner en quoi ce soit ce vrai croyant dans l'exercice de son culte. Ernest Jourdan menait, dans son
hunting-box, l'existence qu'il avait toujours rêvée. Il
pouvait chasser quand bon lui semblait, sans autre
compagnie que celle de son piqueur, et de temps en
temps une bande d'amis venaient lui demander l'hospitalité et la faveur de s'associer à ses *déduits*. On tuait
à la hâte les coqs les moins durs de la basse-cour; on
coupait un énorme quartier de lard dans un des jam-
bons qui pendaient au plafond de la ferme, on ajoutait

une omelette monstre, confectionnée par la métayère, et l'on dînait joyeusement en s'entretenant des projets du lendemain. Parfois l'amphytrion pouvait offrir à ses hôtes un filet de chevreuil ou un cuissot de sanglier, qui était toujours le bien venu, le dernier surtout, parce que l'on avait à la ferme la recette d'une certaine sauce qui rendait succulente cette viande peu savoureuse de sa nature.

Un jour, Ernest Jourdan reçut à l'improviste une des visites dont je viens de parler. La troupe était nombreuse, elle avait voyagé à cheval par un de ces vents du Nord qui creusent l'estomac, et les cavaliers, en mettant pied à terre, ne dissimulèrent pas qu'ils arrivaient tourmentés par un formidable appétit. Le maître de la maison alla consulter la métayère, et il apprit qu'elle n'avait rien de mieux à proposer que le lard, la volaille dure et l'omelette habituelle. C'était peu pour des gens qui avaient eu soin de se proclamer affamés du haut de leur selle, et pour la première fois de sa vie peut-être M. Ernest Jourdan eut un souci qui n'avait pas la chasse pour objet. Il se creusait la tête pour trouver un moyen quelconque de sortir d'embarras, lorsqu'un témoin de cette petite scène d'intérieur lui vint en aide.

C'était Morico, ce mulâtre qu'on appelait parfois aussi Henri, incorrigible buveur, qui se faisait renvoyer de partout et qu'on reprenait toujours pour l'universalité de ses talents comme domestique.

Henri était non-seulement un excellent piqueur, mais

2

encore, comme je crois l'avoir déjà dit, un cocher parfait un très-bon valet de chambre et un fin cuisinier. Il n'y a au monde que les mauvais sujets pour être ainsi des gens propres à tout.

Chassé, quelques jours auparavant, du château de Limanton pour la cinquième ou sixième fois, Henri était venu demander, au nom de saint Hubert, un asile à M. Ernest Jourdan, qui s'était laissé toucher par ses promesses de repentir.

— Vous êtes embarrassé, monsieur? lui dit le mulâtre à demi-voix, je peux vous tirer d'affaire... Vous savez ma fameuse sauce?

— Que diable veux-tu faire de ta sauce, puisque nous n'avons pas de sanglier?

—Nous en avons, répliqua Morico en clignant del'œil.

— Quel conte me fais-tu là?

— Monsieur, ce loup que nous avons tué hier...

Ernest Jourdan haussa les épaules et fit un mouvement pour aller rejoindre ses hôtes dans la pièce voisine.

Morico l'arrêta respectueusement par le bras et il lui parla avec tant d'éloquence du *rable* de son loup, qu'il parvint à lui démontrer la possibilité d'en tirer parti. A l'entendre, l'animal, soigneusement écorché par lui, était resté pendant la nuit exposé à une gelée de dix degrés qui avait dû enlever tout fumet sauvage à sa chair, et avec force vinaigre, force poivre, force moutarde et la fameuse *sauce* par-dessus le marché on en ferait un ragoût de roi.

— Eh bien! je te donne carte blanche, lui avait dit son maître sans partager ses illusions.

Deux heures après, le rable de loup, sous le pseudonyme de filet de sanglier, parut sur la table et fut d'abord salué par d'unanimes marques de satisfaction. Ernest Jourdan le découpa en le flairant de loin, et ne lui trouvant aucune senteur désagréable, il se décida à en offrir à ses convives qui acceptèrent avec empressement. Tous en mangèrent, quelques-uns y revinrent, le mets fut proclamé unanimement exquis, et Morico, appelé au dessert, reçut des compliments pour sa sauce.

Après le café, on alla tout naturellement faire une visite au chenil, devoir dont ne s'abstenaient jamais les hôtes d'Ernest Jourdan.

Le chenil était séparé de la ferme par une petite pelouse, et au milieu de celle-ci s'étalait le loup écorché et roidi par la vigoureuse gelée de la nuit précédente.

Pendant le déjeuner, le maître du logis avait raconté dans les plus grands détails la chasse de cet animal, qui était, ainsi qu'il arrivait neuf fois sur dix, mort de sa main.

Suivant la coutume de tous les chasseurs en pareil cas, on voulut voir l'endroit où la balle avait frappé, et pour cela on examina sous toutes ses faces le cadavre du loup.

Durant cette inspection, quelqu'un remarqua le soin d'artiste avec lequel on avait enlevé une partie considérable du filet de la bête qui gisait sur le sol.

— On dirait la place de notre morceau de sanglier !
s'écria une autre personne.

A peines ces paroles étaient-elles prononcées, que
tous les convives qui avaient mangé du plat de Morico se sentirent d'affreuses nausées, qu'elles considé-
rèrent avec raison comme la révélation intérieure du
fait qui s'était passé.

Ernest Jourdan ne savait pas mentir, de sorte qu'il
confessa tout sans la moindre difficulté. Il eut une
scène à subir, mais on avait besoin de lui pour le lendemain, il prodigua l'eau-de-vie brûlée pour activer la
digestion du râble de son loup, et ses hôtes ne lui gar-
dèrent pas rancune. Ils finirent même par convenir
qu'en cas de nécessité on pouvait avoir recours à cette
ressource héroïque, et deux d'entre eux, pour être
agréables à leurs femmes, excellentes ménagères sans
doute, s'en allèrent en tapinois demander à Morico sa
recette pour déguiser le loup en sanglier en *bonne
porchaison*.

J'ai parlé de l'énergie d'Ernest Jourdan pour tout ce
qui avait rapport à la chasse. Elle était devenue en
peu d'années proverbiale, même dans un pays où c'é-
tait une vertu commune à tous les veneurs.

Non-seulement il méprisait les fatigues corporelles,
il ne tenait aucun compte des intempéries des saisons,
mais encore il savait au besoin triompher de la maladie qui vient presque toujours à bout des natures les
plus robustes et des âmes les mieux trempées. Quand
un chien donnait, il n'y avait plus de souffrance phy-

sique pour Ernest Jourdan, et plus d'une fois ses compagnons les plus habituels l'ont vu rester huit et dix heures à cheval, après être parti de chez lui le matin pâle et brisé par la douleur. En voici un exemple frappant que nous choisissons entre beaucoup d'autres du même genre.

En 1836, au mois d'octobre, mon héros, dont la réputation avait franchi depuis longtemps déjà les frontières du Morvan, fut convié par des chasseurs de l'Yonne à leur venir en aide pour repousser une invasion de sangliers qui ravageaient les environs de Lucy-le-Bois. Ernest Jourdan était atteint alors d'une de ces fièvres d'automne qui sont quelquefois si tenaces, même quand on reste au coin de son feu pour les soigner. L'appel était aussi flatteur que pressant, et le courageux veneur n'hésita pas à y répondre favorablement. Il partit après avoir envoyé son équipage en avant, fit dix-sept lieues à cheval dans un jour, et chassa vaillamment le lendemain de son arrivée. Dans cette première séance, il soutint dignement sa réputation en tuant trois loups de sa main.

La matinée suivante avait été désignée d'avance pour attaquer les sangliers en question. On se réunit de bonne heure dans la salle à manger du château d'Angnau, où était le rendez-vous, et pendant que les convives faisaient honneur au festin, Ernest Jourdan luttait contre les avant-coureurs de son accès. On lui proposa de regagner le lit qu'il venait de quitter, mais il repoussa avec indignation cette offre amicale, en di-

2.

sant que si ses chiens ne le voyaient pas à l'attaque, ils le croiraient mort, et que d'ailleurs il s'était promis de tuer un sanglier ce jour-là. Il monta donc à cheval tout frissonnant, et l'on gagna les Champs du Feu, où les valets de limier devaient se trouver. Ils avaient au rapport une laie avec ses marcassins, deux bêtes de compagnie et un ragot. Le piqueur Michel avec Galandor s'était attaché à ce dernier, et l'avait rembuché en lieu sûr. On découpla quarante chiens de plusieurs meutes réunies, et l'attaque eut lieu immédiatement. Au bout d'une heure de chasse environ, durant laquelle on avait perdu de vue Ernest Jourdan, un des veneurs reconnut son cheval Morvandeau attaché à un arbre. L'idée lui vint que le cavalier, vaincu par la violence de sa fièvre, est peut-être assis ou couché près de là; il met pied à terre, le cherche dans les broussailles, et le trouve effectivement étendu sur l'herbe, presque sans mouvement et vomissant le sang à flots. Un médecin d'Avallon était au nombre des veneurs, et le hasard fit qu'il arriva presque aussitôt en cet endroit. Il jugea les symptômes de la plus grande gravité, et décida que la première chose à faire était de transporter le malade à la ferme des Champs du Feu, peu éloignée de là heureusement. On hissa donc comme l'on put Ernest Jourdan sur sa monture étonnée, et on le conduisit à la ferme, dont les habitants le reçurent comme un libérateur, parce qu'ils avaient été particulièrement maltraités par les sangliers. On le coucha dans le lit de la fermière, mais tout man-

quait dans cette pauvre demeure, où il n'y avait pas
même de quoi faire de la tisane au moribond. A force
de chercher, le médecin avisa sous le toit une treille à
laquelle pendaient quelques raisins verts. Ce fut un
trait de lumière. On détacha aussi vite que possible
les grappes les plus jûteuses, et l'on confectionna en
un tour de main un breuvage bien digne de l'énergie
du malade. Celui-ci l'avala sans hésiter, et, peu de minutes après, les vomissements cessèrent. Alors, Ernest Jourdan s'écria de toute la force qui lui restait :

— *Allez rejoindre les chiens, mes amis! votre présence n'est plus nécessaire ici, et là-bas elle peut être
indispensable... Moi, je n'ai plus besoin que d'un peu de
sommeil.*

Le médecin et son compagnon voulurent rester encore; le courageux veneur insista avec fermeté, et l'on
finit par le laisser seul à la ferme.

L'esprit plus calme en songeant qu'il avait rempli
son devoir comme un général blessé qui ne veut pas
que le succès de la journée soit compromis par son
absence du champ de bataille, il s'endormit profondément.

Il y avait un certain temps déjà qu'il jouissait de ce
sommeil réparateur, et il pouvait être quatre heures
de l'après-midi environ, lorsqu'il crut entendre comme
dans un rêve ces mots répétés par plusieurs voix :

— Les sangliers ! les sangliers !

Il se dresse sur son séant, écoute et acquiert la certitude qu'il ne s'est pas trompé.

Il est inondé d'une sueur brûlante, sa tête endolorie est encore en feu ; mais le cri de guerre a retenti, et alors rien ne l'arrête. Il s'élance hors de son lit, saisit sa carabine et court en chemise vers le point où les clameurs éclatent avec plus de force. Que voit-il? Deux marcassins et une bête de compagnie qui se sont fourvoyés dans l'enceinte de la ferme et sur lesquels on a fermé toutes les portes de la cour. Ernest Jourdan ajuste d'une main ferme celui de ces animaux qui pourrait se défendre, et les deux autres sont pris vivants par les gens du domaine. Quelques instants de silence succèdent à ce petit drame inattendu; mais ce calme ne tarde pas à être interrompu par d'autres bruits émouvants. Cette fois, ce qu'on croit entendre ce sont les cris de la meute en pleine chasse qui arrivent portés sur les ailes du vent. Ce ne peut être que le ragot attaqué le matin qui revient à son lancer. Ernest Jourdan interroge rapidement toute sa personne, naguère brisée par mille douleurs, et il ne s'en trouve plus une seule. Il rentre à la maison, remercie de ses soins la fermière, déjà récompensée par la capture des trois malfaiteurs, s'habille en un clin-d'œil, et enfourche son Morvandeau, qu'on lui avait amené pendant qu'il se revêtait à la hâte de ses habits.

Quelques minutes après, il avait rejoint la chasse; mais, contre son attente, il la retrouvait languissante et presque abandonnée. Le sanglier s'était forlongé, aucun veneur ne suivait, et beaucoup de chiens semblaient prêts à mettre bas. Un concours de circonstances malheureuses, comme l'on n'en voit que trop souvent en semblable rencontre, avait tout désorganisé, sans qu'il y eût précisément de la faute de personne. Ernest Jourdan ne perd pas courage : il multiplie les fanfares, et jamais les accents de sa trompe n'ont eu plus de puissance; il appuie de la voix, et il lui semble que jamais non plus ses cris n'eurent autant de portée. Il parvient à rallier quelques-uns de ses chiens à ceux qui n'avaient pas cessé de donner, et quoiqu'il ne connaisse pas le pays et que le courre soit plus difficile encore qu'en Morvan, il fait son métier de piqueur de manière à se satisfaire lui-même. Cependant la nuit arrive, le ciel se couvre de nuages, l'ombre s'épaissit de seconde en seconde, et les chiens, un moment excités par la voix énergique du maître, lâchent prise de nouveau. Plus tard, il n'y en a plus qu'un qui donne toujours avec une ardeur croissante, c'est l'intrépide Fineau. Taillé en boule-dogue, il a toute la ténacité de cette race, qui ne sait pas *démordre.*

« *Puisque Fineau tient bon, tout n'est pas perdu !* se dit Ernest Jourdan. Et il pousse son Morvandeau sous les gaulis plongés dans une obscurité profonde. Son infaillible instinct lui dit que le moment des abois n'est pas éloigné, et qu'il faut qu'il se prépare à venir en aide à son courageux chien. Effectivement, le ragot, car c'était bien lui, ne tarde pas à faire face à Fineau, et à la vivacité du dialogue qui s'engage entre eux. il n'est plus possible de douter qu'ils ne soient sérieusement aux prises. *Tiens bon, mon chien !* crie de toute la force de ses poumons Ernest Jourdan ; puis il met pied à terre, et sa carabine à la main, il pénètre dans le buisson où le chien et le sanglier sont en présence.

Le vaillant chasseur, tout en cheminant, le corps ployé en deux, cherche à accoutumer ses regards à l'obscurité qui l'environne. Il avance, et Fineau, qui le sent, redouble ses attaques, sans se départir de sa prudence de vieux routier qui a été souvent décousu. Le ragot aussi a deviné l'approche du secours qui arrive à son adversaire, et au moment où Ernest Jourdan essaye de l'ajuster un peu au hasard, l'animal fond sur lui avec la rapidité de la foudre. Le chasseur se croit perdu, et, en détournant la tête, il presse la détente de sa carabine.

Après l'explosion, qui fut répétée par tous les échos de la montagne, il y eut un moment de silence profond. Ernest Jourdan, entouré d'un nuage de fumée et étonné d'être encore vivant, restait immobile, la main sur la crosse de son arme, prêt à redoubler. Enfin il entend à ses pieds un bruit de feuilles froissées et les aspirations entrecoupées d'une haleine bruyante ; il lui semble aussi distinguer les grognements sourds d'un chien qui *jouit* sur sa proie. Il se baisse alors, et bientôt il touche le ragot sans vie.

L'heureux veneur a raconté depuis qu'en ce moment sa tête devint pendant quelques minutes un véritable chaos. Après avoir failli mourir d'un accès de fièvre, le matin même, il se trouvait le vainqueur de deux sangliers, et son triomphe sur le second était une épopée magnifique pour un homme de sa trempe. Mais toujours fidèle à son caractère, c'est-à-dire à sa passion, il foula aux pieds tout ce qu'il y avait de personnel dans ses sentiments pour ne songer qu'au réel de sa situation. Il avait devant lui un ragot de cent cinquante livres, et pour rien au monde il ne voulait renoncer à emporter ce glorieux trophée. Il sonna, appela, le tout en vain d'abord. Il s'efforça ensuite de soulever seul l'animal pour le placer sur la croupe de son Morvandeau; mais il comprit bientôt le néant de cette tentative. Il sonna encore, et enfin une trompe lointaine lui répondit. C'était son piqueur Michel qui ramassait par les bois ses chiens égarés, sans aucun espoir de rencontrer le dénouement d'une vraie chasse Michel arriva. Avec son aide, le ragot fut hissé sur le cheval d'Ernest Jourdan, et l'on reprit le chemin du château d'Angnau, où tous les chasseurs étaient rentrés depuis longtemps, un peu étonnés de n'y pas trouver le fiévreux revenu avant eux.

Ils venaient de se mettre à table, lorsque la joyeuse fanfare de l'hallali retentit au dehors.

— *C'est Ernest !* s'écrièrent tous les convives en se précipitant vers le perron du manoir.

On sait ce qu'ils y trouvèrent et ce qu'ils apprirent de la bouche du fortuné vencur. Transportés d'admiration, ils l'enlevèrent de son cheval, et en le déposant devant la table où son couvert était mis, ils le proclamèrent leur maître à tous.

A son retour du département de l'Yonne, M. Ernest Jourdan reçut une lettre d'Avallon, par laquelle on lui demandait en termes très-pressants un couple de ses chiens, que l'on désignait par leurs noms, et pour le tenter on lui offrait un prix vraiment fabuleux. D'autres requêtes du même genre vinrent encore, et le jeune veneur eut alors l'idée de se défaire de sa petite meute, si merveilleuse qu'elle fût, et de se créer, pour son usage particulier, une race toute nouvelle, afin de savoir s'il aurait autant de succès avec elle qu'avec l'ancienne. Il accéda donc au désir de l'amateur d'Avallon ; puis, de son chef, il envoya son fameux Galandor à M. Marey Gassendi, l'illustre chasseur de lièvre, qui, dans un déplacement en Bourgogne, avait complétement gagné son cœur par l'affabilité de ses manières et l'étendue de ses connaissances comme veneur. Nous dirons en passant, que Galandor ne soutint pas moins bien sa réputation dans les collines de la Côte-d'Or, que dans les montagnes du Morvan, et que le vieux la Plume, qui fut son dernier mentor, n'en parle encore aujourd'hui qu'avec attendrissement et respect. Continuant la répartition de son petit équipage, Ernest Jourdan en partagea le reste entre MM. Houdaille et Charles Frossard. Ce dernier, toujours à l'affût des bonnes occasions, eut cinq têtes pour sa part, et il est permis de supposer, d'après ce que l'on sait de sa sagacité et de sa persévérance, qu'il s'arrangea de manière à n'avoir ni les moins belles, ni les moins intelligentes.

Voilà donc notre héros, — ce nom lui va bien, il faut en convenir, après sa belle chasse un jour de fièvre, — complétement démonté, comme l'on dit vulgairement. Il eut alors une inspiration qui ne manque pas d'originalité, sans compter qu'elle témoigne de l'indépendance de ses opinions et de la facilité vraiment supérieure avec laquelle il revenait de ses jugements dès qu'il croyait s'être trompé. A ses débuts dans la carrière de veneur, Ernest Jourdan s'était senti une antipathie instinctive pour les chiens anglais, et tout ce qu'il avait vu ou appris depuis sur leur manière de chasser les lui faisait ranger dans la catégorie de ces métis sans voix et sans discipline, dont la menée rapide et muette ressemble à la poursuite du chien de berger se délassant de l'ennui de garder un troupeau par le plaisir de chasser sournoisement un lièvre pour son propre compte. Le classique veneur ne croyait qu'aux chiens beaux *rapprocheurs* et bien criants. Quant aux bouledogues plus ou moins croisés de lévriers, qu'ils se nomment *fox-hounds, stag-hounds* ou *harriers*, ils n'étaient bons, suivant lui, que pour défrayer les émotions de ces fanatiques de vélocité qui vous répètent flegmatiquement à chacune de leurs chasses : — *J'ai une idée, c'est que quelqu'un se cassera le cou aujourd'hui.* — Eh bien! ce fut cependant de ces mêmes endiablés qu'Ernest Jourdan voulut essayer, précisément parce qu'il croyait cette espèce l'antipode de tout ce qu'il avait eu jusqu'alors. Justement à cette époque, le marquis de Mac-Mahon remplaçait ses célèbres *harriers* pour le chevreuil par la plus grande race d'Albion, et M. Jourdan, renseigné par Racot, se rendit acquéreur des huit meilleurs chiens de cette réforme, parmi lesquels se trouvaient Princesse et Ravite, les deux grandes gloires de l'équipage de Sully. Leur nouveau maître les mit sans hésiter au lièvre, qui était l'inconnu pour eux, et il obtint un tel succès, que dans un pays très-couvert et coupé de nombreuses haies vives, il forçait presque toujours et ne tirait plus que très-rarement. Cette tentative le réconcilia avec le pur sang et le demi-sang anglais, dans lesquels son esprit de justice reconnaissait des avantages importants. Toutefois il n'en continua pas moins ses expériences et ses croisements, et bien des variétés de l'espèce canine propres aux différents *déduits* de la chasse ont passé successivement par son chenil depuis l'époque dont je viens de parler.

Bien que ceci remonte déjà à une vingtaine d'années, et que le temps, comme chacun sait par sa propre expérience, ne manque jamais de laisser sur les hommes et sur les choses des traces de son passage, M. Ernest Jourdan n'en est pas moins toujours le veneur hardi, habile et sagace à l'existence énergique duquel j'ai initié mes lecteurs. Seulement, comme il est devenu père de famille, ce qui lui a créé des devoirs sérieux, la chasse est plutôt pour lui maintenant un délassement agréable qu'une passion violente. Il a quitté depuis longtemps déjà la sauvage contrée du Morvan pour se fixer près de Nevers; mais,

dans ce lieu encore, il a élu domicile à la proximité
des bois, car ce n'est que là qu'il peut respirer à pleins
poumons, dit-il. Précédé dans sa nouvelle résidence
par sa réputation de vaillant disciple de saint Hubert,
de bon voisin et de joyeux compagnon, il fut bientôt
recherché par tout ce qui s'occupe plus ou moins de
sport dans la capitale du Nivernais et aux environs, de
sorte qu'aujourd'hui il est encore, comme autrefois,
l'arbitre et le boute-en-train de toutes les parties de
chasse petites ou grandes qui s'organisent aux alentours de Nevers. Favorisé par le destin, qui prodigue
assez volontiers ses faveurs aux hommes de foi, M. Ernest Jourdan a trouvé d'ailleurs dans le nombre de ses
relations actuelles des âmes de veneurs faites pour le
comprendre, et des associés dignes de lui. Ceux de ses
voisins avec lesquels il chasse le plus souvent sont
MM. Louis du Verne et Grincourt. J'aurai occasion de
parler d'eux dans un de mes plus prochains récits,
celui qui terminera la partie de ces études qui concerne la vénerie contemporaine du Nivernais.

En 1856, — c'est-à-dire hier, — l'équipage de
M. Jourdan se composait de dix chiens, les plus re-
marquables qu'il ait eus jusqu'alors, sans contredit.
C'étaient des bâtards anglais trois quarts de sang,
dont l'origine mérite d'être racontée. Elle date de la
première année de l'établissement de notre veneur dans
les environs de Nevers.

En arrivant à Montmien, — c'est le nom de sa propriété nouvelle, — il n'eut rien de plus pressé que de

s'y préparer des jouissances selon ses goûts, et ce fut à M. Louis de Verne qu'il s'associa d'abord. Il trouvait là un bon compagnon, une hospitalité cordiale et gracieuse, un superbe équipage de trente vendéens excellents, conduit par Breton, l'un des meilleurs piqueurs d'aujourd'hui, et justement, à cette époque, les sangliers abondaient dans toutes les forêts où ces messieurs avaient la permission de chasser. C'était certainement réunir tous les éléments de succès désirables, et cependant les hallalis étaient rares. Les vendéens faisaient fort honnêtement leur besogne de chiens bien criants, droits et collés à la voie; mais l'étendue considérable des masses boisées, la facilité à passer d'une forêt à une autre, l'incertitude des refuites et le grand nombre de postes à garder formaient autant d'obstacles à des réussites fréquentes. Le plus souvent la chasse se bornait à une promenade de huit ou dix heures, égayée par les accords des trompes et la musique d'une meute bien gorgée, le tout terminé par la fanfare de la retraite manquée, quand venait la nuit et qu'il restait au sanglier encore assez de force pour fatiguer un second équipage comme celui qui l'avait promené depuis le matin.

Ernest Jourdan, frappé de toutes ces difficultés inhérentes au pays où il avait planté sa tente, se souvient alors de cette race anglaise qu'il avait méprisée d'abord, dont il avait essayé ensuite à sa satisfaction pour chasser le lièvre, qu'il avait abandonnée plus tard, et il se dit que s'il pouvait se procurer encore quelques rejetons de cette race, il donnerait une vigoureuse impulsion aux meutes du pays, de même que les chemins de fer font marcher plus vite les diligences qui ont des relations avec eux. Sur ces entrefaites, il eut connaissance d'une nouvelle réforme au château de Sully. Le marquis Carl de Mac-Mahon, plus fanatique encore de rapidité que son père, se défaisait d'une dizaine de chiens qui avaient un peu baissé de pied, leur seul défaut, assurait-on. M. Jourdan les fit venir, et dès la première chasse, ils montrèrent de quoi ils étaient capables. Découplés en même temps que la vaillante et sage meute de Poiseux (1), renforcée ce jour-là d'une vingtaine de chiens appartenant à cinq ou six veneurs convoqués pour la circonstance, ils attaquèrent un grand et robuste sanglier rembuché par Breton, et au bout d'une demi-heure ils étaient déjà bien loin en avant de leurs alliés français. Jupiter et Victoria menaient la tête de cette avant-garde, et les autres continuaient de chasser bruyamment, mais à se trouver toujours plus en arrière. Trompée par les cris de cette meute attardée, qui couvrent les voix rares et étouffées des anglais, la grande masse des veneurs s'attache à cette queue qu'elle croit être toute la chasse. Seuls, Ernest Jourdan et le piqueur Breton ne s'y sont pas mépris. Ils ont pressenti d'avance qu'avec Jupiter, Victoria

---

(1) Château de M. L. du Verne.

et leurs huit satellites, les bois de Sauvage, quoique
situés a six ou sept lieues de là, seront bientôt atteints
par le sanglier, qui fuit avec la rapidité d'un trait.
Les deux habiles veneurs prêtent l'oreille aux deux
concerts, et se confirment de plus en plus dans la
pensée que le moins rapproché d'eux est celui dont ils
doivent garder à tout prix la direction. Ils pressent
donc leurs montures, un peu étonnées de la vivacité
soutenue de cette course, et ils finissent par diminuer
l'espace qui les séparait d'abord de la chasse.

Cependant la matinée s'avance ; deux fois l'horizon
a changé, et déjà la distance parcourue est énorme,
puisque même les bois de Sauvage sont dépassés. Les
naseaux dilatées de Jacob — c'est le nom du cheval
de M. Ernest Jourdan — ne laissent plus passer qu'un
souffle entrecoupé et pénible ; mais deux jambes d'acier
l'enveloppent de leur puissante étreinte, et le généreux
animal redouble d'efforts pour procurer à son maître
une nouvelle victoire. Savamment guidé par lui, il
parvient à le transporter sur un point vers lequel la
chasse se dirige, et il l'a par conséquent devancée.
Le cavalier met pied à terre et attend. L'animal n'était
plus qu'à quelques pas de lui, lorsqu'un aboi bien caractérisé se fait entendre. Ernest Jourdan s'élance
dans le fourré, où il trouve à peu de distance les chiens
qui tiennent à la gorge, aux flancs et aux suites leur
adversaire, littéralement exténué de fatigue. Bientôt il
tombe frappé d'un coup de carabine ; il se débat pendant quelques instants, sans que Jupiter et Victoria

aient lâché prise, et l'hallali sonne sur ce début qui est un éclatant triomphe.

Eh bien ! c'est ce même Jupiter qui, avec une chienne anglo-normande de M. Frossard, a été le père des dix bâtards trois quarts de sang que le propriétaire de Montmien possède aujourd'hui, et dont nous allons raconter les hauts faits dans l'intérêt de la science cynégétique, laquelle n'a pas encore été à même de consigner dans ses annales un progrès aussi remarquable que celui qui va être constaté ici.

Il y a en vénerie un axiome que le temps et l'expérience ont consacré : c'est qu'un grand loup ne se force pas dans une seule chasse, même avec plusieurs relais. Les mémoires du dix-septième siècle parlent d'un loup dans toute sa force, pris par le grand dauphin, fils de Louis XIV, aux portes de Rennes, après avoir été lancé, cinq jours auparavant, dans la forêt de Rambouillet. J'ai, de mon côté, raconté dans *mes Gentilshommes chasseurs*, il y a quelques années, l'histoire du loup Jean-Baptiste, qui promena MM. les officiers de la gendarmerie de Lunéville des environs de Nancy jusque sur les terres de l'électeur de Hesse, au-delà du Rhin ; mais ces faits ne sont que des exceptions, et ils ont été peut-être accompagnés de circonstances qui en diminuent la valeur. Dans tous les cas, il s'agirait d'un loup forcé par siècle, et chaque fois en plusieurs jours ; tandis que mon récit va en montrer trois ayant succombé en quelques heures dans trois chasses assez rapprochées l'une de l'autre.

C'était à la fin de novembre 1856, M. Ernest Jourdan avait ce jour-là rendez-vous au *chêne de la Messe* (1), situé au cœur des grands bois qui s'étendent de Nevers vers Azy. Ses compagnons de chasse étaient deux jeunes sportmen qui commençaient leur carrière de veneurs, et que le maître reconnu s'estimait heureux d'initier aux nobles *déduits* de Saint-Hubert, parce qu'il avait découvert en eux toutes les qualités morales et physiques qui révèlent l'homme de chasse distingué. C'étaient MM. Flamen d'Assigny. Ils avaient amené avec eux un de leurs gardes, et M. Jourdan était suivi d'un de ses bons élèves nommé Minot. Chemin faisant, l'un des deux jeunes chasseurs avait remarqué la trace fraîche d'un grand loup, il va sans dire qu'il fit part de sa découverte en arrivant au rendez-vous. — *Nous retrouverons cette voie dans les bois du vieux château de Faye* — dit Ernest Jourdan, qui avait comme toujours écouté avec attention. — *Allons donc quêter à la billebaude de ce côté.* — Ainsi fut fait. Parmi les dix bâtards se trouvait aussi un Jupiter, deuxième du nom, fils du père de la petite meute. Il saute au bois le premier, et à peine y est-il entré que sa voix, qui n'a jamais menti, se fait entendre. Il est sur un animal quelconque; c'est peut-être un chevreuil, n'importe, on chassera toujours, et les deux catéchumènes en saint Hubert ne perdront pas leur temps. Mais voilà que Rencontre fait

---

(1) Une légende populaire lui a donné ce nom.

entendre son timbre de hurleuse. Il est significatif et ne permet plus de doute, car Rencontre a deux sortes de voix bien distinctes, l'une fine et glapissante, qu'elle prodigue aux animaux vulgaires, tandis qu'elle réserve exclusivement au loup l'autre, qui est un hurlement harmonieux et prolongé.

— Postez-vous pour tirer ! — crie M. Jourdan — C'est un loup, et il ne tardera pas à être sur pied.

Effectivement, cinq minutes après une explosion de cris annonçait au loin que l'équipage était sur une piste fort de son goût. Pas un défaut, pas une hésitation dans la menée, pas même une seconde de ralentissement dans la musique. Le loup, ainsi houspillé, prend son parti du côté des bois de Saint-Martin, fait une longue pointe de plusieurs lieues, puis revient sur lui-même en redoublant de vitesse. Les chiens le serrent toujours de près, et les trois veneurs n'ont pas cessé d'être derrière eux et de les appuyer : quant à les devancer pour tirer l'animal, qui est presque sous leur nez, c'est impossible, tant la fuite est rapide. Huit heures se seront bientôt écoulées depuis que le loup a été lancé par Jupiter second et Rencontre. Il a déjà fait tête une fois, mais il est promptement reparti pour prendre la plaine. A l'extrémité de celle-ci il se retourne encore contre les chiens, et là Ernest Jourdan, qui le voit à moitié caché dans l'herbe, le prend pour un louvard de l'année, et, remettant dans sa botte sa carabine prête à faire feu, il dit au plus jeune de ses compagnons : « A vous les honneurs. » Mais pendant

3.

que M. d'Assigny s'apprête à tirer, Jupiter, Tonnerre
et Rencontre se ruent sur le loup, qui repart alors et se
jette au plus épais du fourré. Ernest Jourdan, qui a
pu l'examiner plus à son aise, reconnaît que c'est un
grand loup, et le voilà désespéré de ce qu'il appelle sa
maladresse. La chasse recommence plus animée que
jamais, mais la nuit vient, et elle va peut-être sauver
l'ennemi. Peu après on peut croire qu'il a enfin perdu
la tête, car il se dirige en droite ligne vers le village
de Saint-Martin, et il n'a plus qu'une faible avance
sur les trois veneurs qui le pressent. Un troisième
aboi se fait entendre, et cette fois il doit être désespéré,
puisqu'il se tient sur le bord du grand chemin, près
d'un lieu habité. Ernest Jourdan pousse vivement Jacob, arrive le premier et voit maître loup perché au
sommet d'une haie vive, et les chiens rangés au pied
de la haie, qui le défient par leurs bruyantes clameurs
et leurs efforts pour s'élancer jusqu'à lui. Le veneur
dégage sa carabine en s'écriant : *Pour le coup, tu ne
m'échapperas pas.* — Il ajuste, fait feu, et le loup tombe
de son asile aérien au milieu des bâtards anglais et de
quelques habitants de Saint-Martin, que les cris de
l'équipage et l'harmonie bruyante des fanfares avaient
attirés là.

C'était dans la chenevière du maréchal de l'endroit
et à quelques pas seulement de la cure que l'animal
s'était vu dans l'impossibilité d'aller plus loin. Il pesait quatre-vingt-onze livres, et quand on voulut le
placer sur le dos de Jacob, on lui trouva les jambes

tellement roidies, qu'il fut impossible de les rapprocher. Il n'y avait qu'une petite distance pour retourner à Montmien, où l'on fit une entrée triomphale. Tout le monde était dans l'enchantement de cette journée, qui n'avait pas sa pareille dans les fastes de la vénerie du Nivernais : les chiens eux-mêmes paraissaient glorieux. On soupa gaiement, et les trois veneurs ne se séparèrent qu'à minuit, après avoir parlé loup cinq heures durant. Qui oserait leur en faire un reproche ?

Dès le lendemain de l'événement, il ne fut bruit dans le monde du *sport* de Nevers et des environs, que de ce grand loup forcé dans une seule chasse par un équipage trop peu considérable pour qu'il eût été possible d'établir des relais. Les ignorants croyaient à la nouvelle, mais les habiles, les vieux routiers, qui avaient vu beaucoup de choses dans leur vie, quelle que fût d'ailleurs leur estime pour le génie cynégétique d'Ernest Jourdan, la révoquaient en doute, comme étant contraire à toutes les idées reçues. L'un d'eux, M. Duparc, bon chasseur aussi et très-habile écuyer, rencontre un jour l'heureux vainqueur, et le dialogue suivant s'engage aussitôt :

— Voyons, Jourdan, la main sur la conscience, avez-vous réellement forcé un grand loup ?

— Oui, je vous le jure.

— Mais c'est une hérésie en matière de chasse à courre.

— J'en suis bien fâché pour les orthodoxes, mais un loup contraint, après dix heures de chasse, à se jucher sur une haie pour se soustraire à la poursuite des chiens, me semble bien loyalement forcé. Les habitants de Saint-Martin vous diront, mon cher, que les jambes n'en voulaient plus... Au surplus je vous accorde que le hasard peut avoir une très-grande part à cette aventure, et que l'expérience, pour être concluante, a besoin d'une seconde réussite.

Là-dessus les deux amis se séparèrent.

Le 10 avril suivant, le piqueur Minot, qui avait appris que les loups se montraient dans les environs de Montmien, sortit avec son limier pour s'assurer de ce voisinage, toujours souhaité par les chasseurs. Arrivé dans un canton du bois dit la *Coulée du Riot*, son chien se rabat si vivement qu'il n'y a pas de doute sur l'espèce de gibier qu'il rencontre. Minot revient en toute hâte au logis, fait son rapport à M. Ernest Jourdan, et moins d'une heure après, les bâtards anglais attaquaient chaudement un jeune loup. Au bout de quatre heures de chasse, Minot le tirait aux abois, mais, gêné par les chiens qui l'environnaient de toutes parts, il l'avait manqué. La chasse recommença plus vive et il y eût même changement de forêt. Minot, qui avait une revanche à prendre, la rejoint encore au moment où l'animal fait tête de nouveau et a saisi à la gorge Metamort, qu'il est sur le point d'étrangler. Un coup de fusil tiré à bout portant l'étend roide mort au milieu des chiens qui le mettent en pièces.

Le premier fait avait son second, et cependant il restait encore des incrédules. — *Votre loup était ma-*

lade — disaient-ils à Ernest Jourdan ; et lui de leur répondre : — *Eh bien ! le premier que je rencontrerai sera peut-être bien portant, et je ferai prévenir les moins éloignés de vous pour assister à son hallali. Alors vous serez, j'espère, convaincus.*

A trois jours de là, le fortuné veneur rembuchait lui-même au taillis *des Chaises* un loup qu'il jugea, comme l'autre, de l'année précédente ou bête de deux ans, mais grand loup toujours, puisqu'il n'y en a pas d'autres dans cette saison. Sa besogne faite, il rentre chez lui, qu'il n'était pas encore huit heures du matin, commande à Minot de préparer la meute ; ordonne qu'on selle Jacob, puis il fait partir pour Poiseux un homme à cheval, porteur du billet suivant adressé à M. Louis du Verne :

« Je viens de rembucher celui qui doit confondre les
« incrédules. Venez me voir et amenez votre équipage.
« Rendez-vous chez moi à neuf heures. »

Ce message parti, il monta lui-même en tilbury, et vingt-cinq minutes après il courait les rues de Nevers, réveillant tous les chasseurs qu'il connaissait, en commençant par ceux qui s'étaient montrés les plus récalcitrants à regarder ses deux premiers succès comme possibles. Tous témoignèrent beaucoup de bonne volonté, bien qu'ils fussent à demi convaincus qu'il s'agissait d'une petite mystification, et qu'on leur ferait peut-être chasser tout bonnement la peau fraîche encore de la dernière victime. Avant dix heures, grâce à l'activité d'Ernest Jourdan, à l'empressement de ses amis et à la beauté des routes, toutes les personnes prévenues étaient réunies à la brisée. On plaça en relais l'équipage de Poiseux, puis l'ordonnateur de la solennité découpla de sa propre main ses infatigables bâtards.

Le rapprocher fut magnifique, car l'enceinte était grande, et bien qu'elle eût été sillonnée en tout sens pendant la nuit par des chevreuils, pas un chien ne se détourna de la voie du loup. Le lancer se fit à vue, et depuis longtemps nul parmi l'assistance n'avait été témoin d'un plus beau spectacle. Malheureusement un vent d'une violence extrême s'éleva, et presque tout le monde perdit la chasse. Mais Ernest Jourdan, à qui cela n'arrivait jamais, avait prié M. Duparc de ne pas le quitter, et tous deux suivaient les anglais, dont la menée aurait pu lutter de vitesse avec l'ouragan lui-même. Pendant deux heures et demie, ce fut une course à donner le vertige, et les intrépides veneurs commençaient à ne pas savoir s'ils pourraient continuer longtemps encore cette vélocité d'allure, — *Eh bien!* — dit Ernest Jourdan à son compagnon lorsqu'un aboi se fit entendre à peu de distance — *croirez-vous désormais qu'on peut forcer un grand loup? Celui-là en a déjà assez. Allez le servir pour vous convaincre par vos propres yeux.*

M. Duparc se jeta résolûment dans le fourré, fendit les gaulis au galop, et moins de cinq minutes après il cassait les reins au loup d'un coup de carabine. L'animal ne pouvait plus courir au moment où il avait été tiré.

Ces trois chasses sont authentiques, et quoi qu'en aient dit et écrit les maîtres de la science, il paraît hors de doute aujourd'hui qu'à l'aide de chiens d'une vitesse exceptionnelle et d'une vigueur égale à celle de leur espèce à l'état sauvage, le grand loup peut être forcé assez souvent pour donner à quelques veneurs passionnés l'idée de créer de grands équipages consacrés exclusivement à cette chasse, qui n'a pas sa pareille quand elle réussit. Grâces soient donc rendues à M. Ernest Jourdan, qui, à force d'énergie et de persévérance, est parvenu à démontrer la presque facilité de ce qui avait été considéré jusqu'à ce jour comme tout à fait impossible. S'il trouve des imitateurs, il aura une glorieuse place dans les annales de la vénerie française, et méritera bien, à coup sûr, les longues pages que je lui ai consacrées.

III

LE COMTE RAINULPHE D'OSMOND

Bien que le comte Rainulphe d'Osmond, depuis qu'il a cessé d'avoir son quartier général cynégétique à Donzy, n'appartienne plus précisément aux veneurs du Nivernais, ses exploits récents dans ce pays de la grande chasse par excellence, et les souvenirs qu'il y a laissés, lui donnent cependant d'incontestables droits à être compté parmi les plus dignes successeurs des Brière d'Azy, des Vitry, des Pracomtal, et autres vaillants disciples de saint Hubert dont j'ai retracé de mon mieux les glorieuses existences dans la première série de ces études. Quoique bien jeune encore, ce vaillant disciple de saint Hubert ne mérite pas moins que les personnages que je viens de nommer d'y figurer avec honneur au premier rang.

Le comte d'Osmond est doué au plus haut degré de l'organisation morale et physique qui constitue le veneur d'élite. Sa taille, peu élevée au-dessus de la moyenne, est parfaitement prise, leste, dégagée et d'une rare distinction ; ses membres bien proportionnés annoncent l'agilité, la souplesse et la force, et dans toute sa personne on reconnaît tout d'abord l'homme adroit et hardi à tous les exercices qui exigent l'énergie du corps et de l'âme. Rien qu'à le voir passer dans la rue, on devine qu'il doit être cavalier élégant et intrépide. Sa physionomie est animée, ouverte, résolue et bien-veillante ; son regard plein de feu, sa parole décidée, et ses manières simples ont cette distinction toute par-ticulière qui caractérise les descendants des grandes races dont les goûts se sont tournés plutôt vers les rudes déduits de nos pères que vers les jouissances efféminées de notre temps.

Toute la première jeunesse de Rainulphe d'Osmond — je veux parler de celle qui commence quand l'ado-lescence n'est pas encore entièrement terminée — a été remplie par quelques-uns de ces beaux et intéressants voyages qui développent les nobles instincts et les fa-cultés heureuses, et c'est après avoir reçu ce complément indispensable de la grande éducation de nos jours, que le comte a senti s'allumer dans son âme ce feu sacré du veneur qui a fait promptement de lui une des notabilités les plus marquantes de notre *sport* contemporain.

Peu de temps après, au mois de septembre de l'année 1852, un accident terrible, qui eût dégoûté à tout jamais de la chasse les plus intrépides débutants, arriva au comte d'Osmond. En tirant une perdrix sous les murs de son beau parc de Pontchartrain, son fusil creva sous la culasse et lui fracassa cruellement la main gauche. La blessure était si grave, même pour les ignorants, qu'il n'y eut, dès le premier moment aucun espoir de conserver le membre atteint. En effet, le docteur Jobert de Lamballe, mandé en toute hâte, déclara, au premier examen, la désarticulation indispensable, et la pratiqua sur-le-champ, au-dessus du poignet, avec sa dextérité habituelle. Le jeune comte supporta l'opération avec un courage, un sang-froid et une résignation qui furent admirés, non-seulement de tous les siens, réunis à portée de son lit de douleur, mais encore de l'illustre praticien qui l'amputait.

Une main de moins, quel chagrin pour un jeune homme de vingt-trois ans à peine, ayant la passion de l'équitation et de la grande chasse à courre, et qui était de plus excellent musicien ! Faudrait-il donc renoncer pour toujours aux chevaux de sang difficiles à conduire, aux meutes rapides franchissant tous les obstacles, et au piano qui remplissait si agréablement les soirées, quand on avait passé tout le jour à la poursuite d'un cerf ou d'un sanglier?... Le blessé dut le croire, car il était à un âge où l'homme ne connaît pas encore toute l'étendue de son énergie. Cependant

six semaines s'étaient à peine écoulées, que le comte,
dont la plaie n'était pas entièrement cicatrisée, et qui
portait toujours son bras en écharpe, montait à cheval sans autre dessein que d'essayer ses forces pour
savoir s'il pourrait faire au moins de temps en temps
une courte et tranquille promenade au bois de Boulogne. Il cheminait au pas, assez satisfait du début de
son expérience, lorsque les cris nombreux d'une meute
nombreuse en pleine chasse, et les accords retentissants de plusieurs trompes arrivèrent distinctement à
son oreille. Il écouta et retrouva dans sa mémoire le
souvenir de quelques voix de chiens qui avaient fait
battre son cœur l'année précédente. C'était un équipage ami qui amenait un cerf de la forêt de Rambouillet. L'animal venait en droite ligne sur le comte, et il
ne tarda pas à bondir à sa vue, serré de près par la
meute qui l'avait lancé. La tentation était trop forte
pour la pauvre sagesse humaine : M. d'Osmond y suc-
comba. Sans se rendre compte de tous les périls auxquels son entraînement pouvait l'exposer, il rendit la
main à son cheval, qui ne demandait pas mieux que
de s'ébattre à une allure plus vive, et le voilà suivant
à bride abattue, sans s'inquiéter des obstacles, que
peut-être même il ne voyait pas, le voilà suivant —
dis-je — cette chasse que le hasard lui envoyait si à
propos, comme pour lui apprendre que sa carrière de
veneur n'était pas finie, ainsi qu'il avait pu le craindre. Arrivé le premier sur le théâtre de l'hallali, il y
fut bientôt rejoint par quelques-uns de ses amis, qui,

le croyant pour longtemps, si ce n'est pour toujours, incapable de partager leurs plaisirs, s'étaient bien gardés de lui faire savoir qu'ils chassaient ce jour-là. Grande fut leur surprise et grande leur joie aussi. Rainulphe d'Osmond fut félicité, embrassé, et on lui promit qu'à l'avenir on ne se cacherait plus de lui.

Après une semblable épreuve, le comte se sentit complétement soulagé du doute douloureux qui ne le quittait pas depuis son accident. Il comprit qu'il pourrait s'abandonner comme autrefois à son ardente passion pour la grande chasse, et il prit la résolution de se consacrer particulièrement à celle du sanglier, la plus féconde de toutes, sans contredit, en péripéties dramatiques. Les mutilés, quand Dieu les a doués d'une âme vigoureusement trempée, ont assez volontiers de ces inspirations énergiques. Il semble que toute la vie du membre qui leur manque se soit réfugiée dans leur cœur.

Dès qu'il fut assez bien guéri pour entreprendre sans inconvénient un voyage, Rainulphe d'Osmond se mit à l'œuvre pour organiser un *vautrait* dans les meilleures conditions possibles, c'est-à-dire comme il l'avait rêvé. Il alla lui-même en Angleterre choisir cinquante chiens de vingt à vingt-deux pouces, — Fox-hounds, de la vraie race de Cléveland, — avec peu de gorge, mais tous d'un très-grand pied. Il ne s'attacha nullement à l'élévation de la taille, et même il les prit de préférence petits, afin qu'ils eussent plus de facilité à pénétrer dans les fourrés épais et qu'ils fussent plus alertes à éviter les terribles défenses de l'ennemi à qui ils devaient avoir affaire. Cette remonte ne laissait rien à désirer; mais, par malheur, la plupart de ces vaillantes bêtes avaient emporté d'Angleterre le germe caché de la plus terrible maladie : en moins de deux années elles périrent presque toutes de la rage, et, chose bizarre, les élèves issus de leur sang eurent le même sort. Le comte ne se découragea pas, et, à force de persévérance, il parvint à reconstituer cet équipage frappé par une fatalité sans exemple peut-être, et rien ne vint plus entraver ses plaisirs.

Le personnel de la vénerie du comte se compose aujourd'hui de deux hommes montés, ayant chacun deux chevaux, et d'un valet de chiens à pied.

M. d'Osmond a pour lui trois chevaux de selle et une couple de bidets de poste pour le conduire en voiture légère aux rendez-vous éloignés. Parmi les premiers se trouve un poney noir d'Irlande, d'une race extraordinaire pour la vigueur et l'intelligence. Cet animal est le héros du fait de chasse cité par le *Sport*, dans un de ses numéros du mois de février 1856. Les montures des piqueurs sont des restes de pur sang anglais qui ont fait leurs preuves sur plus d'un hippodrome connu.

Le premier piqueur qu'ait eu le comte d'Osmond était ce fameux Casimir qui a été si longtemps au service de M. le marquis de Vogué. C'était un homme tout à fait hors ligne pour la science et les qualités qui font le veneur accompli. Depuis un an environ, l'âge et les infirmités l'ont malheureusement obligé à prendre sa retraite.

Il a été remplacé par un certain Adolphe, dont la tenue, la prudence et la bonne envie de savoir ne laissent rien à désirer. S'il persévère dans ces heureuses dispositions, Casimir aura un digne successeur d'ici à peu d'années.

Le deuxième piqueur, la Forêt, est un garçon énergique, très-brillant dans l'action.

Le valet de chiens porte le nom original de *Hourvari*. Il est fort intelligent et tout à son affaire.

Les chiens, toujours maintenus au nombre imposant de cinquante à soixante, sont les dignes remplaçants des malheureux anglais de la race de Cléveland, que la rage a si cruellement moissonnés de 1853 à 1855. Sages dans la quête, ardents dans la poursuite, intrépides avec intelligence à l'heure suprême de l'hallali, on peut dire d'eux hardiment que s'ils ont leurs pareils dans quelques grands équipages de France, il n'en existe nulle part de plus parfaits.

Tout cela est merveilleusement bien organisé, toujours *en bonne condition* de chasse : on y reconnaît sans peine et de prime abord l'œil d'un maître vigilant dont l'esprit embrasse à la fois tous les détails, depuis les plus grands jusqu'aux plus petits.

Une fois l'organisation de sa vénerie terminée, comme je viens de le dire, le comte d'Osmond avait établi d'abord sa résidence de chasseur à Donzy, dans le département de la Nièvre. Il était là au centre de trois magnifiques forêts lui appartenant, et qui passaient pour être très-giboyeuses depuis de longues années. Il avait donc en perspective une suite non interrompue de succès sur son propre terrain, et les plus enivrantes espérances charmaient jour et nuit sa jeune imagination. Il fit effectivement quelques chasses très-heureuses et très-brillantes pendant le premier automne de son installation dans le pays, et les vieux veneurs du Nivernais rendirent hommage à sa tenacité et à sa hardiesse. Mais dès l'année suivante, les glands ayant manqué dans les bois, on n'y rencontra plus guère que des sangliers de passage, et bientôt l'espèce en disparut complétement. Il fallut songer sérieusement à aller chercher fortune ailleurs.

Sur ces entrefaites, M. d'Osmond, qui prêtait l'oreille à tous les bruits concernant la chasse, entendit parler comme d'une merveille de la forêt de Frétoy, située entre Auxerre et Clamecy, à la lisière du département de l'Yonne. Il envoya aux informations un homme intelligent et les renseignements qu'on lui rapporta ayant confirmé tout ce qu'on racontait, il se rendit lui-même sur les lieux. Après quelques recherches, il eut la bonne fortune de trouver à Coulanges-sur-Yonne, dans un site des plus pittoresques, une habitation qui semblait faite exprès pour la destination qu'il voulait lui donner. C'était une grande et solide maison avec cour, jardin, écurie et remise, le tout propriété de l'administration du canal du Nivernais, qui ne demandait pas mieux que de le louer. L'affaire fut bientôt conclue, et depuis deux ans, le comte habite Coulanges pendant toute la saison des chasses, ce qui ne l'empêche pas de faire des déplacements lointains chaque fois qu'il en trouve l'occasion.

Grâce au goût et à l'intelligence du jeune veneur, cette demeure, louée et construite sans doute dans l'origine pour un tout autre usage, est devenue une maison de chasse modèle. On y peut exercer largement la cordiale hospitalité qui est une des vertus de tous les vrais disciples de saint Hubert, et les bêtes n'y sont pas moins bien logées que les humains. Le chenil, construction récente, réunit toutes les conditions de salubrité recommandées par les maîtres de la science.

C'est là que le comte d'Osmond mène la véritable existence du veneur au comble de ses vœux. Rien ne l'y vient distraire de sa passion favorite, car les amis qu'il reçoit la partagent, et ne le visitent même que pour s'associer à ses déduits. Qui se présenterait à Coulanges-sur-Yonne sans aimer la chasse y serait à coup sûr accueilli avec courtoisie, mais il ne tarderait pas à comprendre qu'il n'y aurait aucune communauté d'idées entre lui et son hôte, et il irait bientôt chercher son plaisir ailleurs.

Ce n'est qu'à titre de fermier que M. d'Osmond a le droit de chasser dans la forêt de Frétoy. Ses associés pour cette importante location sont MM. de Radeveau, d'Yauville — nom célèbre dans les annales de la vieille vénerie française — et d'Alcyrac. Tous trois sont de parfaits gentlemen, des veneurs consommés et des hommes de la meilleure compagnie et du commerce le plus agréable. Quant aux visiteurs lointains, les plus intimes sont le comte de Castiglione et le comte Robert de Vogué. L'un et l'autre sont ardents, intrépides et excellents compagnons.

C'est en 1855 que l'établissement de Coulanges a été inauguré, et la première campagne n'a pas paru répondre aux espérances que le comte d'Osmond avait fondées sur sa création. Le pays, très-difficile de sa nature, n'était pas encore connu des gens de l'équipage, et les agents forestiers cherchaient plutôt à entraver qu'à servir les plaisirs des nobles fermiers. Mais l'automne de 1856 leur offrit une éclatante revanche. Le livre de chasse du comte pour cette saison présente un total de vingt sangliers forcés, dont un du poids de 350 livres. Celui-là a été porté bas en une heure et demie, après avoir blessé dix-huit chiens et tué deux sur cinquante.

La même année, le comte a fait un déplacement d'hiver chez M. de la Guiche, a Aisy près Montbart; et dans des bois jadis illustrés par les hauts faits du marquis de Mac-Mahon, il a eu la rare fortune de prendre neuf animaux en dix chasses.

Plus tard, dans le déplacement habituel du printemps à Pontchartrain, il a aussi forcé dix daims de suite, et cinq cerfs sur sept avec des débuchers magnifiques vers la forêt de Rambouillet.

A la dernière de ces chasses de cerf, le comte n'ayant qu'une biche au rapport, se décida cependant, bien qu'à regret, à l'attaquer. Au bout de deux heures d'une poursuite vigoureuse, elle alla, par une ruse assez habituelle à ces pauvres bêtes, se mêler à une horde de dix-huit animaux de son espèce; mais on parvint à la séparer de sa compagnie, et après une nouvelle reprise très-vive de quatre heures, terminée par un débucher de sept lieues, elle finit par tomber roide morte en plaine, à quelques pas seulement des chiens de tête, ayant autour d'elle tous les veneurs qui l'excitaient à coups de fouet. Ce fut, dit-on, un fort beau spectacle.

Que l'on récapitule maintenant cette campagne de 1856, depuis septembre jusqu'en avril, on trouvera vingt sangliers dans la forêt de Frétoy, neuf dans celle d'Aisy, et à Ponchartrain dix daims et cinq cerfs, total quarante-quatre animaux; c'est tout bonnement superbe.

La forêt de Frétoy est d'un courre très-laborieux, et par une singularité dont la cause est inconnue, presque tous les sangliers y sont d'une maigreur qui leur donne des habitudes toutes différentes de leurs frères des autres pays. Faisant des nuits énormes, ils sont en général difficiles à remettre et à attaquer, et la légèreté de leur course ne permet pas de les suivre toujours de près. Poltrons à l'attaque, lorsque l'on parvient à les rejoindre ils deviennent très-dangereux. L'un d'eux, que M. d'Osmond a chassé maintes fois, n'a pu encore être pris. On l'a surnommé le *comte de Frétoy*, et il est passé à l'état de légende parmi les gardes de la forêt, qui le tiennent pour tant soit peu sorcier.

Une des chasses les plus extraordinaires de mon héros a eu lieu en Berry, dans les bois de Lovet, entre Bourges et Châteauneuf, par une froide journée d'hiver. Une bête de compagnie de cent-vingt livres s'est fait poursuivre depuis le matin neuf heures et demie jusqu'à quatre heures du matin suivant. Dès le commencement de la nuit, les chevaux n'en pouvaient plus; mais la lune était si brillante et les chiens paraissaient toujours si dispos, que l'idée ne vint à personne de rompre. La chasse continua donc de plus belle et dura, comme je viens de le dire, toute la nuit. L'animal fit sept fois de suite le tour d'un cimetière, constamment serré de près par tout l'équipage, et nulle description ne saurait fidèlement reproduire le spectacle de cette ronde bizarre de chiens aboyants, de chevaux couverts d'écume et de chasseurs vêtus de rouge, tournoyant à l'heure du sabbat, comme dans le tourbillon d'une danse infernale. Je ne crois pas qu'aucune ballade allemande ait jamais rien retracé de plus étrange ni de plus fantastique. Jadin ferait à coup sûr un bien curieux tableau de cette scène à nulle autre pareille.

POUR FAIRE SUITE AUX VENEURS DU NIVERNAIS

IV

LES CHEVAUX DU MORVAN

Si la vénerie du Nivernais a été avec raison célèbre depuis les premières années de ce siècle jusqu'à nos jours, elle l'a dû à un concours de circonstances heureuses qu'il convient de signaler avant de clore ses annales, et il ne remplirait qu'à moitié sa mission, le chroniqueur qui attribuerait exclusivement ses progrès et ses triomphes à l'énergie, à la persévérance et à la foi sincère et passionnée des hommes d'élite qui ont entrepris, au lendemain de nos longues discordes civiles, la noble tâche de relever et de remettre en honneur cette vieille institution sociale. Ces intrépides restaurateurs de la grande chasse à courre, si résolus et si persévérants qu'ils fussent, n'auraient jamais obtenu d'aussi beaux résultats que ceux que nous avons signalés, s'ils n'avaient trouvé, pour les aider dans l'accomplissement de leur œuvre régénératrice, des auxiliaires dignes d'eux parmi l'espèce chevaline du pays.

J'ai donc pensé que mes lecteurs, qui connaissent maintenant les principaux veneurs du Nivernais, pourraient s'intéresser aux faits et gestes des généreux quadrupèdes qui ont partagé la gloire de ces mêmes hommes, et avant de terminer l'histoire des maîtres, je vais consacrer un ou deux chapitres aux serviteurs, c'est-à-dire raconter ce que j'ai pu recueillir sur l'origine de la race morvandelle, dont la renommée a brillé d'un modeste éclat pendant plus d'un siècle.

Mon travail, divisé en deux parties, comprendra d'abord le cheval morvandeau tel qu'il a existé depuis 1720 environ jusque vers 1835 ou 1836. Je dirai ensuite sa décadence passagère, et je terminerai par le récit des tentatives heureuses qui ont été faites récemment pour reconstituer le type perdu ou tout au moins dégénéré.

J'ai puisé tous mes renseignements aux meilleures sources, puis je peux faire un appel aux souvenirs de mon existence de veneur militant, car j'ai moi-même connu quelques-uns des vaillants animaux dont je vais parler.

5.

Un mot d'abord sur le pays au milieu duquel cette race a pris naissance, et où elle a acquis les rares qualités dont elle a fait preuve jusqu'à l'époque où elle a semblé près de disparaître sans retour, ce qui serait sans doute arrivé sans les efforts auxquels je viens de faire allusion.

Le Morvan est en général une contrée montagneuse, d'un aspect âpre et presque sauvage, qui commence aux environs d'Autun, sur la rive droite de l'Arroux, s'étend dans la direction de l'ouest jusqu'à Châtillon en Bazois, et finit vers le nord, à peu de distance de la petite ville de Lorme.

Tout cela peut former une surface de cinquante à soixante lieues carrées, ou quinze à peu près en tous sens, et comprend un arrondissement entier du département de la Nièvre. Quelques cantons de Saône-et-Loire, de la Côte-d'Or et de l'Yonne s'appellent aussi le Morvan ; mais comme ce n'est pas celui des chasseurs, il n'en sera point question ici.

Jusqu'en 1827, cette petite province n'était pas mieux partagée, sous le rapport des voies de communication, que les plus misérables *sierras* de la pauvre Espagne. Les deux routes qui conduisaient alors de Nevers à Autun, l'une par Decize sur Loire, Fours et Luzy, l'autre par Châtillon et Château-Chinon, étaient presque impraticables pendant neuf mois de l'année, et détestables le reste du temps. On y trouvait des fondrières perfides, des roches entassées, des sables tenaces, des torrents sans ponts avec des gués d'une va-

riabilité trompeuse, des parties, autrefois pavées, qui
étaient devenues de véritables échantillons du cahos,
en un mot, tous les obstacles et tous les inconvénients
que l'imagination la plus sombre peut se représenter.
A cette époque, on ne se risquait à voyager sur ces
deux chemins qu'à cheval ou en patache, et soit que
l'on adoptât l'un ou l'autre de ces moyens de locomotion, il fallait être ou bien monté ou solidement at-
telé.

Le sol du Morvan est en grande partie couvert de
forêts et arrosé par des cours d'eau assez généralement rapides, bruyants et clairs. Le plus important
d'entre eux est l'Yonne, que l'on a dû considérer longtemps comme la seule grande route à l'aide de laquelle
il était possible, en gagnant la Seine, de voiturer jusqu'à Paris les bois de chauffage et de construction ex-
ploités dans cette portion du Nivernais. Les deux rives
de ces divers cours d'eau, le plus souvent encaissés
dans des vallées profondes, sont partout formées par
des prairies dont quelques-unes s'étendent en remon-
tant à droite et à gauche, jusque sur les sommets des
collines élevées entre lesquelles ils coulent, les petits
pour se jeter dans l'Yonne, cette dernière pour s'en aller, ainsi que nous venons de le dire, grossir les flots
de la Seine au milieu des riches vignobles de l'Auxer-
rois. A l'exception d'un très-petit nombre de localités,
les terres labourables y sont peu fertiles, et la plupart
d'entre elles ne produisent avec vigueur et complaisance que des genêts bons tout au plus pour alimenter

le foyer du pauvre et servir de pâture à des moutons d'un appétit plus robuste que délicat. Tous les cinq ou six ans on met le feu à ces végétations sans valeur ; la cendre qui résulte de ces incendies compose une sorte d'engrais, et l'année suivante on a une maigre récolte de seigle ou de blé noir, sur les flancs de ces pauvres montagnes, que le progrès rendra peut-être un jour aussi nourricières que le Maine ou la Brie : quelques localités du pays en sont déjà là ou peu s'en faut.

Le climat est rude, mais égal et sain. Comme dans le nord de l'Europe, le printemps, beaucoup plus tardif que dans le reste de la France, se montre tout d'un coup fécond, et si l'automne est court, du moins est-il rarement suivi de ces interminables séries de journées pluvieuses qui dans d'autres pays contrarient si fréquemment les travaux de la campagne dans la saison où il est le plus urgent de les accomplir avec célérité, afin de n'être pas surpris et arrêté tout à fait par les grandes rigueurs de l'hiver.

La population *mâle* du Morvan,—nous n'avons point ici à nous occuper de l'autre, — est lente, mélancolique, d'une intelligence peu prompte à se produire, mais elle est laborieuse, tenace, sobre et soumise, qualités qui deviennent chaque jour de plus en plus rares partout ailleurs. On y trouve donc facilement de bons serviteurs pour la campagne, à la condition toutefois de tenir davantage à l'exactitude qu'à l'élégance du service. Les bouviers, bergers, palefreniers, valets de limier, gardes et cochers rustiques y sont fort aisés à rencontrer, et se mettent très-promptement au fait de leur besogne, parce qu'elle n'est pas très-compliquée et que le temps qu'ils y emploient s'écoule plutôt au grand air que dans l'intérieur d'une maison. De semblables hommes sont précieux dans un pays d'élevage, et c'est pour cela que j'ai esquissé leur portrait en quelques lignes avant d'entrer dans le vif de mon sujet.

On ne sait rien de très-positif sur la race morvandelle jusque dans les premières années du xviiie siècle; mais à cette époque elle commença à avoir une certaine renommée, grâce à deux nobles seigneurs du pays qui s'étaient imposé la généreuse tâche de l'améliorer, profondément convaincus qu'ils étaient que la nature du sol, la qualité des eaux et l'influence du climat seconderaient puissamment leurs efforts.

Le premier de ces seigneurs, par ordre de date, est le marquis d'Espeuilles, commissaire nommé par le roi Louis XIV pour refaire la cavalerie dans les provinces de Berry, Bourbonnais et Nivervais. C'était après la paix d'Utrecht, en 1713, et à la suite d'une guerre de douze années qui avait épuisé la France d'hommes et de chevaux. Le marquis d'Espeuilles ne dissimula point au roi l'état des choses dans les contrées confiées à sa surveillance; il entama une correspondance suivie avec le ministre Pontchartrain, dont il obtint tous les secours que le désastre des temps permettait d'accorder, et en moins de cinq ans

il put distribuer dans cent dix-neuf paroisses de l'ancien Nivernais, et particulièrement dans les élections
de Nevers et de Château-Chinon, cinq cent quatre-
vingt-dix-neuf juments et quatre-vingt-dix-huit étalons
de diverses races. Peu après cette époque, un rapport
du marquis de Brancas signale déjà le Morvan comme
devant offrir, au point de vue de la production chevaline, de grandes ressources à l'État dans un avenir
prochain. Quant au Bourbonnais, il le proclame un
pays ingrat, et il déclare qu'il ne faut compter sur le
Berri que pour les chevaux de trait.

Telle fut, en abrégé, l'œuvre du marquis d'Espeuilles. On aura une idée à peu près juste de tout ce que
le Nivernais lui doit, lorsqu'on saura qu'au moment de
son entrée en fonctions, la ville de Saint-Pierre le Mou-
tier et toute la campagne environnante ne possédaient
qu'une jument de première classe, six de seconde,
quarante-cinq de troisième, et pas un seul étalon pour
tout le baillage, qui était cependant considérable.

En 1719 le marquis d'Espeuilles, à la sollicitation
de madame la duchesse Sforce, son amie intime, qui
désirait faire entrer son neveu dans les haras royaux,
céda à M. le comte de Commercy cette charge de commissaire général qu'il avait si brillamment exercée
durant un vingtième de siècle.

Mais l'impulsion était donnée, et dès l'année suivante, en 1720, le marquis de Leuville, propriétaire
de la terre de Vendenesse, établissait sur les plus larges bases un haras dans la partie de ses domaines

qu'il jugeait la plus favorable à ce genre de création.
Peu à peu la fondation nouvelle de Vendenesse s'étendit sur les paroisses de Moulins-Engilbert, Montaron,
Commagny, Cercy-la-Tour et Limanton, et ses produits se répandirent dans tout le Nivernais. Chose remarquable, à cette époque où l'administration des haras était encore dans l'enfance, l'établissement du
marquis de Leuville offrait déjà l'exemple d'une régularité parfaite. Chaque succursale de l'institution mère
avait, comme celle-ci, ses actes de l'état civil, gros registre parfaitement tenu, où se trouvaient mention-
nées non-seulement la naissance du poulain, mais encore sa destinée et la date de sa mort. Quelques-uns
de ces animaux avaient là des états de service qui, de
nos jours, sembleraient fabuleux. Le système d'élevage du marquis se rapprochait, autant que possible,
de ce que doit être la vie du cheval à l'état sauvage,
et c'est là, ce me semble, qu'il faut chercher le secret
des qualités exceptionnelles qui ont distingué les chevaux du Morvan durant plus d'un siècle. Soit avec
leurs mères, soit plus tard, après le sevrage, les poulains n'entraient à l'écurie que pendant les nuits les
plus rigoureuses de l'hiver. Le reste du temps s'écou-
lait pour eux dans des prairies ou dans des bois où ils
trouvaient une herbe fine et nourrissante au prix d'un
exercice continuel. Presque toutes ces prairies et presque tous ces bois étaient traversés par des eaux vives
qui exerçaient aussi une salutaire influence sur les
élèves, en donnant à leur système pulmonaire et san-

guin toutes les qualités qui constituent chez le cheval la force, le fond et la vitesse.

Après le marquis de Leuville, son héritier le marquis de Poyanne, aïeul du duc de Talleyrand-Périgord possesseur actuel de Vendenesse, continua, en l'améliorant toujours, cet élevage si bien entendu dès le principe, et déjà célèbre jusqu'à la cour, où M. de Leuville avait mené à diverses reprises des produits de son haras. Colonel propriétaire du premier régiment de carabiniers qui ait été organisé en France, M. de Poyanne fit de son établissement hippique la pépinière d'où il tirait la majeure partie des chevaux nécessaires à ses officiers et à ses soldats. Aux vastes communs de son château il ajouta un manége que la révolution a détruit, et qui, de nos jours, pourrait rivaliser avec les plus belles créations de ce genre. Là des sous-officiers instructeurs étaient préposés au dressage des poulains destinés à la remonte, de sorte que lorsque ceux-ci arrivaient au corps, ils étaient aussi propres au service que les vieux chevaux ayant déjà fait plusieurs campagnes. Si parmi les réformes du régiment se trouvait une jument réunissant de belles formes au souvenir d'une carrière dignement remplie, au lieu de la vendre, on la conduisait à Vendenesse, et là elle devenait une des sultanes *Validé* du haras. M. Charles Bonneau, l'un des sportmen les plus distingués du Nivernais, m'a dit avoir connu, il y a quelques années, un brave paysan morvandeau octogénaire, lequel se souvenait parfaitement d'une poulinière de Vendenesse, qui avait

été la monture favorite du marquis de Poyanne pendant la dernière guerre de sept ans. Cette vaillante
bête avait sauvé plus d'une fois la vie à son maître
dans les rencontres des carabiniers avec les terribles
houzards de l'impératrice Marie-Thérèse, et, rentrée
dans la vie privée, elle était devenue la mère souche
d'une nombreuse lignée de poulains qui ont tous fait
des chevaux excellents.

Sans qu'on en ait une complète certitude, on peut
cependant s'aventurer à croire que M. de Leuville avait
eu primitivement recours au sang arabe pour fonder
son haras. Ce fut à ce même sang, si noble et si riche,
que le duc de Choiseul eut affaire, cinquante ans plus
tard environ, lorsqu'il voulut à son tour contribuer à
l'amélioration de la race morvandelle. Pendant qu'il
était ministre de la marine, dans les dernières années
du règne de Louis XV, il avait fait venir d'Alep un
cheval entier, payé par ses agents 4,000 livres tour-
nois, somme énorme pour ce temps-là, et cet animal,
qui réunissait à la beauté parfaite des formes toutes
les qualités que peut rêver l'amateur le plus difficile,
fut envoyé par le duc dans sa belle terre de Chassy. Il
y régna en sultan sans rivaux pendant dix-huit ans,
c'est-à-dire que tout ce qui s'occupait avec intelligence
d'élevage, dans les districts voisins de Chassy, sollici-
tait pour ses juments un regard favorable du bel arabe.
Ce noble fils d'Alep a exercé sur les chevaux du Morvan une influence qui s'est fait sentir jusqu'à nos jours,
et l'infatigable Cascaret, du marquis d'Espeuilles, a

5

été un de ses derniers descendants connus : ce que j'en ai dit à mes lecteurs a dû leur prouver qu'alors l'espèce n'avait pas dégénéré.

Voilà ce que l'ancien régime a fait pour doter le Morvan d'une race de chevaux dont il n'y a pas d'exagération à dire qu'elle n'eut jamais sa pareille pour l'utilité. Le haras de Corbigny, institué sous le premier empire, continua la tâche si bien commencée. On put voir alors que cette partie du Nivernais n'était pas seulement propre à l'élevage du cheval exclusivement destiné à la selle. Des étalons du Nord, envoyés en station dans le Bazois, où les pâturages sont plus substantiels, l'air plus épais et les eaux moins vives, y produisirent une race à deux fins qui, sauf la légèreté des allures et l'élégance des formes, possédait toutes les autres qualités qui distinguent l'infatigable coureur du Morvan sauvage. Dans cette dernière contrée, la supériorité du cheval de selle s'est maintenue jusque vers 1840, époque à laquelle l'espèce a commencé à devenir assez rare pour faire craindre sa prochaine et complète disparition. Le fameux Morvandeau du comte Alexandre de Vitry, Charbonnette, du comte Rostaing de Pracomtal, Gaudriole, à M. Ernest Jourdan, la Taupe, le Blond et quelques autres, semblaient ne devoir plus avoir de successeurs dignes d'eux. Je dirai plus loin comment ces craintes ne se sont pas réalisées, en parlant des tentatives récemment faites pour ramener les choses au point où elles étaient il y a une vingtaine d'années.

Je terminerai cette première étude par une petite anecdote.

A l'inauguration des courses d'Autun, en 1843 ou 1844, une pauvre petite jument morvandelle se présenta sur l'hippodrome pour disputer le prix de la ville. C'était un des derniers rejetons de la vieille race issue d'arabe, toujours élevée en plein air et maigrement nourrie de la pousse amère des genêts. La bête en question avait eu, depuis sa naissance, un amour immodéré de liberté; les clôtures lui étaient insupportables, et à force de les franchir, elle avait gagné à ce métier une distension de hanche qui la faisait boiter légèrement. Cinq concurrents devaient entrer en lice avec elle, et dans le nombre se trouvait la fameuse miss Annette, si souvent victorieuse depuis. Il y avait aussi un petit-fils de Lottery, préparé de longue main pour la circonstance dans une écurie où toutes les ressources et toutes les ruses de l'art étaient connues à fond. A l'apparition de la pauvre indigène, il n'y eut qu'une voix pour la plaindre d'appartenir à un maître qui l'exposait à une lutte aussi inégale. Elle partit bravement toutefois, et au dernier tournant elle prit facilement la tête et arriva première, le flanc tranquille, et sans paraître avoir fait de grands efforts pour remporter une victoire à laquelle personne ne s'attendait. Quelques années plus tard, aux mêmes courses, une autre jument morvandelle, de petite taille aussi, élevée par M. Ladrey et connue sous le nom de Déjazet, jouait un tour tout semblable à ladite miss Annette, toujours triomphante lorsqu'elle avait affaire à d'autres rivaux.

Il ne faudrait cependant pas conclure des deux exemples que je viens de citer, que la grande vitesse est une qualité commune dans le produit du Morvan. Sa véritable supériorité est comme cheval de chasse : j'expliquerai pourquoi dans mon prochain chapitre.

———

V

Je crois avoir suffisamment établi dans mon précédent article que c'est au sang arabe que le cheval du
Morvan a dû en grande partie la renommée dont il a
joui depuis l'époque où il a commencé à être connu
jusqu'à nos jours. En 1790, un étalon andaloux et un
autre de la pure race du Limousin sont aussi venus à
Vendenesse contribuer à l'œuvre régénératrice accom-
plie avec tant de succès par MM. d'Espeuilles, de Leuville, de Poyanne et de Choiseul, et leur intervention,
en modifiant d'une certaine manière les formes extérieures de l'espèce, ne lui enleva rien de ses précieu-

ses qualités. Avant Cascaret, on avait vu à la montagne Saint-Honoré un autre descendant de l'arabe d'A-
lep établi à Chassy, ainsi que je l'ai raconté. C'était un
tout petit cheval blanc, d'une rare élégance dans son
exiguité et d'une merveilleuse vigueur malgré son apparence délicate. Il était en outre excessivement rageur, et son premier maître seul pouvait en tirer
parti. Ce premier maître avait été un vieux capucin,
chapelain du château de la Montagne au moment de
la révolution. Le bon père avait l'habitude, sans doute
pour recueillir quelques aumônes au profit de l'ab-
baye de Sept-Fonds, à laquelle il appartenait, de parcourir, durant la semaine, tous les manoirs des environs de Moulins-Engilbert, et chaque samedi il revenait à la Montagne pour recommencer sa tournée le
lundi suivant. Dans cette existence commune, le petit
arabe avait fini par ne plus connaître que son capucin. Lui seul pouvait aller le prendre au pâturage, lui
mettre la selle au dos et la bride aux dents, et en obtenir toujours un excellent service. Beaucoup de vieux
paysans morvandeaux se rappelaient encore naguère
le bon religieux galopant à fond de train dans les sentiers les plus difficiles, passant au milieu des fondrières les plus perfides sans ralentir son allure, et faisant
quelquefois ses quinze lieues de pays entre le lever et
le coucher du soleil. Le capucin mort, sa monture devint tout à coup indomptable, et après de nombreuses
et vaines tentatives pour en venir à bout, on se décida
à la conduire à la foire de Châlons. La parfaite con-

servation de ses membres, ses formes gracieuses, et
plus encore peut-être sa réputation de méchanceté at-
tirèrent l'attention d'un écuyer habile, qui en fit l'ac-
quisition moyennant trente louis. Il savait l'histoire
du capucin, et le moyen dont il se servit pour tromper
le petit blanc, qui semblait avoir pris tous les humains
en horreur, ne manque certes pas d'originalité. Il s'af-
fubla d'un long manteau brun, couvrit son chef d'un
feutre déformé qui figurait tant bien que mal un capu-
chon, et ce fut dans ce costume qu'il se présenta à l'é-
curie où il avait fait conduire son emplette. L'animal,
en le voyant, poussa un hennissement de joie et de
tendresse, et, à partir de ce moment, il se laissa monter sans résistance. L'histoire ne dit pas si le manteau
fut toujours nécessaire.

Lorsque j'ai commencé à chasser à courre, vers
1825, les chevaux du Morvan, bien qu'ils n'eussent
pas encore lutté avec succès contre les irlandais et les
anglais, étaient à l'apogée de leur renommée. On les
recherchait; on les payait le double de ce qu'ils va-
laient avant la révolution, et quand on avait eu l'heureuse chance d'en rencontrer un bon, on le gardait
même borgne, boiteux ou poussif. C'étaient en général
des animaux de taille moyenne, peu chargés de chair,
très-musclés, ayant des membres gros mais secs, la
tête légère et bien placée, l'œil intelligent et hardi. Ils
avaient de l'arabe plutôt les qualités que les beautés :
la sobriété, la douceur, la patience, l'adresse et l'instinct de toutes les difficultés du sol. Quelques-uns

étaient très-vites; presque tous possédaient un fonds
extraordinaire. Dans des déplacements, j'en ai vu qui
chassaient huit jours de suite sans jamais refuser le
service, et sans bouder au retour devant le râtelier.
Les cris des chiens et le son des trompes semblaient
les mettre en joie comme leurs maîtres. Si on les arrê-
tait pour écouter, ils écoutaient eux-mêmes en se tenant immobiles, et souvent la direction de leurs oreilles vous indiquait de quel côté s'en allait la chasse
qu'on avait cessé d'entendre. Jamais ils n'étaient un
embarras dans le tumulte émouvant des hallalis. Dans
les longs débuchers, où parfois les chevaux anglais
s'épuisent promptement par excès d'ardeur ou désir de
tenir la tête, ils ménageaient leurs forces pour la retraite du soir, et n'en arrivaient pas moins les premiers au dénouement, quel qu'il fût. La vieillesse ne
les déformait pas, marque certaine d'une incontesta-
ble noblesse d'origine. Le fameux cheval bai du comte
Alexandre de Vitry, connu sous le nom rustique de
Morvandeau, n'avait pas même une molette après plus
de vingt ans de chasse. Le Cerf, que montait Racot,
l'illustre piqueur du marquis de Mac-Mahon, fournis-
sait des carrières de huit à dix heures, bien qu'il fût
poussif outré. On ferait des volumes avec tous les faits
extraordinaires dont j'ai été témoin ou que j'ai re-
cueillis sur cette vaillante race, la première de
France, sans contredit, pour la vigueur et la tenue.

Un moment, il y a de cela une vingtaine d'années,
on a pu croire qu'elle allait disparaître. Le pays,

mieux percé qu'autrefois, rendait possible l'emploi de chevaux plus légers en apparence et plus élégants ; on se servait davantage de voitures pour se transporter d'un lieu dans un autre, et les progrès de la science agricole avaient transformé les rudes pâturages du Morvan en prairies plantureuses où l'on engraissait des bœufs pour le commerce assez peu poétique de la boucherie. Les éleveurs s'étaient insensiblement découragés de voir le mérite de leurs produits méconnu, et les acheteurs, oublieux des services passés, mettaient toute leur ambition à se procurer à grands frais des chevaux d'outre-Manche de qualité inférieure. Le vieux *hunter* morvandeau, si longtemps cher aux véritables amateurs, passait tout doucement à l'état de mythe et de personnage de ballade ou de légende. On se racontait encore ses hauts faits d'autrefois dans les réunions de chasse, mais on ne le recherchait plus, et, par suite d'une ruse assez commune aux ingrats depuis le commencement du monde, on trouvait plus commode de dire que la race en était complétement détruite pour toujours.

Pour comble de malheur, le haras de Corbigny, qui avait rendu de très-grands services, n'existait plus, et l'industrie privée ne possédait alors que des étalons d'espèce très-ordinaire, propres tout au plus à produire des chevaux de trait ou de lourds bidets de poste : tel était l'état des choses entre 1837 et 1840.

Ici se place tout naturellement l'histoire de Lantara, qui était destiné par la Providence à relever la race

5.

morvandelle de sa ruine, ainsi que je le raconterai plus loin.

Lantara, fils de l'illustre Royal Oak, était né dans l'établissement hippique de lord Henri Seymour, dont la réputation avait atteint son apogée à cette époque. C'était un animal magnifique et de grande espérance, malheureusement affligé d'un détestable caractère et doué d'une force prodigieuse pour rendre ses défauts dangereux. Très-méchant à l'homme, il avait, en outre, l'inconvénient grave de se dérober souvent sur le terrain, ce qui rendait ses rares qualités de fonds et de vitesse absolument nulles pour son maître. Une fois cependant il avait gagné d'une façon très-brillante un grand prix au Champ de Mars, après avoir toujours débuté, suivant sa coutume, par faire volte face et par se défendre énergiquement au départ. Lord Seymour, qui comptait parmi les nombreux employés de son haras les hommes les plus habiles du monde entier, mit tout en œuvre pour corriger l'intraitable poulain, et ce ne fut qu'après que celui-ci eut cassé plusieurs bras et plusieurs jambes à ses gens, qu'il se décida à s'en défaire. Il le vendit très-bon marché à un M. Mathéus, en le prévenant loyalement des défauts du sujet. Lantara se conduisit encore plus mal chez son nouveau maître que chez l'ancien, et M. Mathéus, convaincu que l'animal était à jamais indomptable, le donna à Crémieux, en lui demandant seulement de ne pas le tuer.

Lantara, à force d'avoir été maltraité inutilement,

était devenu si difficile de toutes manières, qu'il passa
trois mois de suite dans une *box* sans trouver ni un nouvel acheteur, ni même un casse-cou pour essayer de le
monter. On lui donnait sa nourriture au bout d'une
fourche, et j'ai lieu de croire que c'est avec le même
instrument qu'on procédait à ses deux toilettes du
matin et du soir. Il portait ainsi la peine de ses méfaits,
mais il n'en était ni moins fier ni plus docile pour cela.

Sur ces entrefaites, le comte Étienne de Montmort,
l'une des notabilités les plus illustres de la société de
Rallie-Bourgogne, alors dans tout l'éclat de ses brillants débuts, vint chez Crémieux pour avoir un bon
cheval de chasse. On lui en montra plusieurs, qui ne
lui convinrent pas pour une raison ou pour une autre,
et il allait se retirer, lorsqu'il avisa du coin de l'œil la
tête intelligente du fils de Royal Oak, qui promenait
des regards mélancoliques et farouches autour de lui,
la ganache appuyée sur la partie supérieure de la clô-
ture de sa *box.*

— Et celui-là ? — demanda le jeune sportman, que
la physionomie du prisonnier avait séduit tout d'abord.

— Celui-là est bien au service de monsieur le comte,
et même il ne lui coûtera pas cher ; mais c'est Lantara,
surnommé le destructeur d'hommes.

— Peut-on le seller ?

— On le sellait autrefois, mais depuis trois mois
qu'il est à la maison il jouit du respect public et d'un
repos complet.

Le comte de Montmort a dit depuis à ses amis qu'il

ressentit en ce moment un irrésistible besoin d'engager une lutte acharnée avec cet animal qu'on lui dépeignait si terrible. « *J'étais absolument* — je rapporte les expressions dont il se servit — *comme Gérard lorsqu'il entend rugir un lion dans la montagne.* »

Il ordonna donc que l'on mît une selle sur le dos de Lantara.

Celui-ci se laissa faire d'abord avec une docilité sans pareille. On eût dit que lui aussi avait deviné dans le comte un adversaire digne de son courage. Il arriva paisiblement dans l'avenue sablée qui conduit des écuries de Crémieux sur les Champs-Élysées, et là il ne montra aucune répugnance lorsque le cavalier saisit la crinière, mit le pied à l'étrier, et finalement l'enfourcha. Le comte, tout en se tenant prêt à la riposte en cas d'attaque, lui rend franchement la main, et tous deux disparaissent bientôt au milieu des flots de cavaliers et de voitures qui se dirigent vers le bois de Boulogne : il était quatre heures de l'après-midi.

Jusqu'à la grande avenue de Longchamp, Lantara persévéra dans sa conduite pacifique; mais quand il vit de l'espace et moins d'obstacles devant lui, il changea brusquement d'attitude. Il releva sa tête, secoua son épaisse et inculte crinière, chassa par ses naseaux largement dilatés un souffle bruyant qui était comme une provocation au combat, et bondit en avant avec la légèreté furieuse d'un tigre qui s'élance sur sa proie. Le comte de Montmort l'étreint de ses jambes vigoureuses comme dans un étau, et répond à l'attaque de

Lantara par un formidable coup de cravache; puis il lui enfonce ses éperons dans les flancs, et il le menace énergiquement de la parole. L'animal, avec lequel personne n'a jamais pris de semblables libertés, devient fou de colère; ses bonds sont de plus en plus furieux, et ne pouvant parvenir à désarçonner son cavalier, il cherche sa défense dans la rapidité de sa course. Il fend l'air sans que les rênes tenues par la main la plus robuste de France puissent agir sur sa bouche égarée. Il est complétement emporté, mais il évite les obstacles avec une adresse inouïe, comme si sa course, folle en apparence, était calculée. Au bout de l'avenue, il tourne à gauche, et, sans ralentir son train d'enfer, reprend la direction de la porte Maillot. Les voitures y arrivent en foule en ce moment, et la sortie est obstruée. Le comte de Montmort, qui n'a rien perdu de son sang-froid, entrevoit le péril qui l'attend au passage de ce défilé. Ses muscles se roidissent dans un suprême effort, mais Lantara continue toujours, glisse entre les équipages qui se touchent, comme une anguille dans les roseaux, et trouvant la grande issue encombrée, enfile le petit guichet des piétons, et passe sans que les genoux du cavalier aient heurté la muraille. Une saccade d'une énergie plus puissante que toutes les autres détourne le cheval sur Neuilly, dont la route est presque libre; mais la rage de Lantara est parvenue à ses dernières limites; il se jette dans des carrières en exploitation, et là il essaye d'un nouveau système de défense parmi les blocs de pierre gigantesques amoncelés autour de lui. Cependant il est déjà blanc d'écume, et quelques signes d'impuissance se manifestent par intervalle dans sa fureur même. Enfin il s'arrête, suffoqué et tremblant sur ses membres, d'où la sueur ruisselle. Il était vaincu pour cette fois.

Le comte de Montmort, en habile écuyer qu'il était, ne jugea pas la leçon suffisante, et ne crut pas durable cette soumission causée peut-être par la fatigue. Il acheva d'user le tronçon informe de sa cravache sur la tête obstinée de son adversaire rendu, et deux heures après avoir quitté les Champs-Élysées, il rentrait, calme et triomphant chez Crémieux, où tout le monde s'attendait à le voir revenir sur une civière.

Il raconta, avec la simplicité des âmes fortes que rien n'étonne, toutes les phases de sa terrible promenade; et il acheta Lantara.

Le lendemain on chassait à Rambouillet — trente-deux kilomètres de Paris. — Un domestique prit à huit heures du soir, le même jour, le cheval, qui n'avait pas eu, comme on voit, beaucoup de temps pour se reposer, et le conduisit en main à ce rendez-vous éloigné, où il arriva sur le matin. Il mangea de bon appétit, et rien en lui n'annonçait qu'il se sentît en aucune façon de la lutte homérique du jour précédent.

Au moment du départ pour la chasse, Lantara se laissa enfourcher aussi facilement que la veille, et se mêla au groupe nombreux de ses compagnons avec la tranquille indifférence d'une vieille monture rompue depuis longtemps au métier.

Mais lorsque le premier bien-aller eut retenti sous les antiques futaies de Rambouillet, et que deux ou trois cavaliers eurent dépassé au galop le fougueux Lantara, bien mal corrigé, ainsi que l'avait prévu son nouveau maître, sa sauvage nature reparut tout entière, et il recommença, depuis la première jusqu'à la dernière, toutes ses folies furieuses du bois de Boulogne. Il s'emporta, se jeta sous les gaulis les plus impénétrables, se rua au milieu des chiens et tenta à plusieurs reprises d'écraser son cavalier contre les troncs d'arbres qu'il rencontrait sur son chemin.

Enfin cette fougue insensée se ralentit. Au lieu de rage, il n'y a plus chez le pauvre Lantara qu'une sorte de mauvaise volonté quasi inerte. Il s'est fait cheval rétif en désespoir de cause, et au premier fossé qui se présente, il refuse de sauter comme un *locati* de cinquante écus. Le comte de Montmort comprend que cette tentative de résistance sera la dernière s'il parvient à en triompher, et il se jure à lui-même qu'il en triomphera. De sa main d'hercule, dont la force est doublée par une légitime colère, il arrache à un chêne une branche grosse comme un câble, et il dit à quelques veneurs qui se trouvaient présents à cette scène : « *Il sautera ou je l'assommerai !* » Lantara résista longtemps encore et finit par s'affaisser sur lui-même sans avoir sauté le fossé. Le comte le crut mort et se hâta de se dégager de ses étriers. Mais Lantara se ranime.

aspire avec force une bouffée d'air, se relève, regarde son maître avec un mélange de fierté et de soumission, il semble l'inviter à se remettre en selle. Sa prière fut comprise. M. de Montmort le ramena en face du fossé, qu'il franchit cette fois avec une grâce charmante. Il n'était pas vaincu passagèrement, mais à tout jamais dompté et dressé.

Pendant cinq ans il a été le fidèle compagnon de toutes les brillantes chasses du comte, et lorsqu'il commença à donner quelques signes de fatigue, son maître en fit présent au vicomte Étienne de Vitry, à condition qu'il le consacrerait uniquement désormais au métier de reproducteur. C'est lui qui a travaillé avec le plus de fruit à la régénération du type morvandeau de nos jours. Tout ce qui a de son sang dans les veines est parfait, mais débute toujours par montrer un caractère difficile.

VI

M. ERNEST DE CHAMPIGNY

De même que l'ancienne Grèce était une terre infatigable à produire des héros, le Nivernais moderne, et le Morvan en particulier, peuvent être considérés comme une pépinière inépuisable à veneurs de premier ordre. Nos lecteurs ont vu comment, après la tourmente révolutionnaire, la grande chasse à courre, qui n'existait plus depuis une vingtaine d'années, s'était reconstituée tout à coup, grâce à l'énergie d'un homme de bien, et comment cette impulsion une fois donnée avait trouvé en peu de temps de nombreux imitateurs. La génération actuelle a suivi fidèlement les nobles traces de sa devancière, et aujourd'hui la vénerie dans cette partie de la France n'est pas moins dignement représentée qu'à l'époque des vieux maîtres de la science dont j'ai raconté précédemment les hauts faits.

Comme M. Jourdan du Mazot et Charles Frossard, ces deux notabilités du *Sport* contemporain, M. de Champigny, à qui je consacre cette étude, a senti s'allumer de bonne heure dans son sein les premières étincelles de cet inextinguible feu sacré qui fait les habiles et intrépides veneurs. Il était, de plus que les deux illustrations que je viens de nommer, issu de famille vouée traditionnellement au culte de saint Hubert. Tous les amis et voisins de campagne de ses parents aimaient aussi passionnément le rude et émouvant *déduit* de la chasse, de sorte que, arrivé à âge d'homme, c'était, sans contredit, ce dont il avait le plus entendu parler depuis son enfance. Il n'en faut pas davantage, ce me semble, pour expliquer comment, après vingt-cinq années de pratique toujours couronnée de succès brillants, M. Ernest de Champigny est devenu une des célébrités cynégétiques les plus populaires du Nivernais.

C'est en 1832 qu'il a débuté dans la carrière, après avoir terminé son éducation. En rentrant au manoir paternel, son premier soin fut de courir au chenil, où il ne restait plus alors que cinq chiens à poil dur, noirs, marqués de feu, derniers débris d'une meute jadis beaucoup plus considérable. M. de Champigny

le père, bien qu'il n'eût pas renoncé aux pompes et
aux œuvres de la chasse, avait laissé arriver tout doucement lés choses à ce point, bien convaincu qu'il était
que son fils aurait plus de plaisir encore à les réorga-
niser complétement à sa guise, qu'à les trouver en
assez bon état pour qu'il n'y eût aucun changement
essentiel à y faire. Le jeune libéré du collége, quoiqu'il eût peut-être entrevu dans ses rêves d'adolescent
un équipage considérable, n'en fut pas moins enchanté
d'avoir à sa disposition, pour le jour même de son retour au logis, cette petite phalange de cinq vétérans
éprouvés, qui lui firent fête quand il vint leur rendre
visite. En 1832, la jeunesse était encore facile à satisfaire. Elle savait se contenter de quelques bassets et
du premier *porte-choux* venu, et, ainsi équipée, elle
avait le bon esprit de ne porter envie à personne. Le
lecteur décidera dans sa sagesse s'il en est de même
aujourd'hui.

Le château de Poussignol, où Ernest de Champigny
rentrait, après quelques années d'absence, avec la
ferme résolution de faire une guerre acharnée *aux
hôtes des forêts,* comme disaient les poëtes du premier
empire, — le château de Poussignol est situé à peu de
distance de la petite ville de Château-Chinon, chef-
lieu de l'arrondissement de France le plus boisé peut-
être, et il se trouve par conséquent entouré d'une
masse considérable de forêts, toutes très-richement
peuplées alors de fauve et de gibier noir. Les princi-
pales de ces forêts sont celle de Cuy, qui appartenait

à son père; celle d'Aulnay, ancien patrimoine de la vieille famille parlementaire de ce nom; celle de Montreuillon, à l'illustre maison de Choiseul et à divers autres propriétaires, et enfin les bois, boqueteaux et pâtures épineuses de Poussignol et de Poussin, lesquels se relient à toutes les grandes ventes du Morvan par les cantons de Plancher, d'Ouroux et d'Arleuf. Tout cela forme encore, à l'heure où j'écris ces lignes, — car dans ce pays on ne défriche jamais, — un total imposant de 10 à 12,000 hectares de futaies et de taillis de tous les âges. C'était, on en conviendra, un magnifique voisinage pour un jeune catéchumène en vénerie qui arrivait si disposé à se contenter de beaucoup moins.

Mais si la jeunesse, quand elle n'est pas encore blasée, s'amuse royalement à peu de frais, elle veut presque toujours des jouissances promptes; aussi, dès le lendemain de son retour, Ernest de Champigny se mit-il de bon matin en campagne, suivi ou précédé de ses cinq chiens, dont il était non moins heureux et non moins fier que s'ils eussent composé le plus bel équipage du monde. Son père, pour cette première sortie, lui avait donné pour compagnon et peut-être même pour Mentor, un vieux bonhomme nommé Claude, ancien garde, je crois, et privé depuis longtemps de ses jambes, de son activité et surtout de son haleine d'autrefois. Maître Claude, pour qui naturellement les longues courses n'avaient plus, à beaucoup près, le même charme que jadis, conduisit son jeune élève sur les domaines peu éloignés de Poussin, en l'assurant, sur

la foi de son expérience de trois quarts de siècle, qu'ils
y trouveraient sans peine assez de levrauts bons à
mettre à la broche pour passer le temps de la façon
la plus agréable jusqu'au coucher du soleil.

A cette époque, la science agricole était encore dans
l'enfance sur cette partie du Nivernais, et presque
toutes les terres susceptibles de produire quelque
chose, laissées, à de rares exceptions près, sans aucune espèce de culture pendant plusieurs années de
suite, se couvraient promptement d'épais et giganjes-
ques genêts sauvages qui dépassaient bientôt de deux
ou trois pieds la tête d'un homme de haute taille. Ces
arbustes, à la croissance si rapide, sont ces redouta-
tables *balais* d'un vert sombre tirant sur le noir dont
j'ai entretenu plus d'une fois mes lecteurs, en leur
racontant au courant de la plume les immortelles campagnes des prédécesseurs du personnage que je place
aujourd'hui dans ma galerie de veneurs contemporains.

Les domaines de Poussin contenaient alors bon
nombre de ces fourrés, où le gibier trouvait une retraite presque sûre dans toutes les saisons de l'année.
On y pénétrait cependant sans trop de difficultés ; seulement, une fois que l'on s'y était avancé jusqu'à une
certaine distance, on n'y voyait guère mieux que si
l'on eût été au fond d'une cave obscure. Ce fut dans
un de ces cantons, peu favorables à la chasse à tir,
comme il est facile de l'imaginer, que le vieux Claude
découpla... ou plutôt laissa entrer ses chiens, qui

avaient pris l'habitude de faire un peu à leur tête depuis qu'ils n'étaient plus vigoureusement menés.

Il y avait dix minutes à peine qu'ils rôdaient sur la
lisière du champ de balais, que déjà ils rapprochaient
tous très-chaudement ; mais, en prêtant l'oreille, on
reconnaissait bientôt que chacun s'en allait de son côté
sans paraître s'inquiéter de ce que faisaient les autres,
et Ernest de Champigny, si peu expérimenté qu'il fût
en ce moment, ne tarda pas à comprendre qu'il devait
y avoir là cinq chasses au lieu d'une... Cinq levrauts
bons à rôtir, soutenait le vieux Claude sans vouloir en
démordre.

Un chasseur consommé se serait arraché les cheveux de désespoir, puis, se jetant résolûment au fort,
il aurait sué sang et eau jusqu'à ce qu'il fût parvenu
à rallier les cinq volontaires sur une seule piste. Ernest
de Champigny, qui voulait avant tout, pour son début,
rapporter une pièce de gibier à la maison, ne songea
pas un seul instant à faire de la science. Il se dit, au
contraire, que cinq chasses, supposant au moins un
pareil nombre d'animaux sur pied, il aurait bien plus
de chances de tirer que s'il n'y en avait qu'une seule,
selon les règles de l'art. En conséquence, il laissa
Claude siffloter pour appuyer ses chiens, et il se mit à
courir sur toute la lisière du vaste fourré, regardant,
écoutant, et surtout tenant son arme prête à venir
s'appuyer à son épaule.

Au bout d'une demi-heure environ de ce pénible
manége, qui révélait plus d'ardeur que d'instinct rai-

sonné, le jeune débutant, ne voyant rien sortir, comprit qu'il y avait quelque chose de mieux à faire que d'attendre en changeant de place à chaque instant, et alors, sans écouter Claude, qui lui criait toujours de ne pas perdre patience, il se décida à pénétrer dans le plus épais du couvert.

D'abord il n'eut pas lieu de s'applaudir de sa résolution, car l'obscurité était tellement profonde autour de lui, qu'il ne voyait pas même la place où il allait poser son pied; mais peu à peu son regard s'accoutuma à l'ombre au milieu de laquelle il marchait, en écartant violemment les branches de la tête et des mains, et étant arrivé à un endroit où les genêts étaient moins touffus qu'ailleurs, il eut l'indicible satisfaction de se trouver face à face, à moins de dix pas de distance, avec un petit animal quelconque, qui n'était pas un de ses chiens, lesquels criaient de plus belle dans le voisinage, chacun toujours dans une direction différente.

Il ajusta rapidement, pressa la détente d'un doigt confiant, et, se précipitant dans la fumée de son coup, il aperçut un renardeau qui se débattait dans les dernières convulsions de l'agonie.

Il poussa de toute la force de ses poumons d'adolescent le cri joyeux et glorieux d'*hallali*, et rechargea son arme, le pied fièrement posé sur le cou de sa première victime.

Moins de dix minutes après, un second renardeau, mené par un autre chien, se présentait encore à lui, et il le tuait aussi dextrement que l'autre.

Bien avant le coucher du soleil, il avait été quatre fois heureux, et le soir il rentrait à Poussignol ayant le droit de dire à son père : *et moi aussi je suis chasseur !*

Il revint dans le même lieu les jours suivants, et à la fin de la semaine il avait détruit deux familles de renards composées de quatorze individus. L'élève était passé maître, et le vieux Claude résignait ses fonctions de mentor.

M. de Champigny père eut le bon esprit de comprendre qu'à un débutant favorisé ainsi par le sort, il fallait des moyens d'action plus puissants. Il autorisa donc l'augmentation de la meute, et il proposa à son fils de remplacer le vieux garde sur ses fins par un jeune gaillard qui remplissait chez lui les fonctions de palefrenier.

Ce garçon, nommé René, avait dix-huit ans, — l'âge de son nouveau maître ou peu s'en faut. — Il était grand, maigre, bien découplé, doué d'une énergie peu commune et d'une intelligence lucide qui suppléait à l'expérience qu'il n'avait pu acquérir encore dans ses fonctions d'homme d'écurie. Il se mit très-promptement à sa besogne de piqueur, et dès l'automne de l'année suivante, du 1er septembre à la fin d'octobre, il assista Ernest de Champigny dans l'extermination de trente-deux chevreuils. Quant aux renards et aux lièvres, on ne les comptait déjà plus. Les choses restèrent ainsi jusqu'en 1838. A cette époque, on monta à Poussignol un équipage pour le loup et le sanglier, à l'aide de deux chiens d'élite, l'un appelé Fricaut, qui sortait du chenil de Limanton, l'autre nommé Marengo, venu de la meute du marquis d'Espeuilles. Il fallut dix-huit mois pour mettre en chasse les enfants de ces deux illustrations de la race canine; mais, quand ils entrèrent sérieusement en lice, leur maître et son piqueur ne regrettèrent pas la peine qu'ils s'étaient donnée pour les dresser. C'était le mercredi des cendres de l'année 1840. Le matin même, un homme d'un village voisin de Poussignol arriva tout effaré au château, criant à tue-tête qu'il venait de se trouver, dans un bois peu éloigné de l'habitation, au milieu d'une *bande* de dix à douze sangliers *monstrueux*. Quand les gens de la campagne donnent un renseignement de ce genre, ils n'y vont pas de main morte.

Ernest de Champigny et René coururent au lieu indiqué avec toute la promptitude de leur ardente jeunesse, et comme ils en approchaient, ils eurent la satisfaction de voir que leurs chiens, qu'ils supposaient peu expérimentés encore, humaient avec une volupté de connaisseurs les émanations lointaines des animaux qu'on leur avait signalés. Ceux-ci, malheureusement ne s'étaient pas arrêtés là. On découpla cependant sur leurs voies, déjà un peu refroidies, et le jeune équipage, comme s'il eût été composé de vétérans, rapprocha pendant trois heures consécutives, avec un sagesse merveilleuse, les sangliers qui s'en allaient toujours fuyant droit devant eux. Il fut impossible de les rejoindre et de les lancer dans cette première ten-

5

tative; mais la leçon avait été si bonne qu'elle équivalait à un succès complet. On revint donc coucher à Poussignol, après s'être bien promis de rechercher ces animaux dès le lendemain au lever de l'aurore.

Ce jour-là, M. de Champigny voulut faire le bois lui-même pour plus de sûreté. Il s'agissait pour lui et pour sa meute de débuter dans la grande chasse, objet de sa légitime ambition, et pour rien au monde il n'aurait pas mis toutes les chances de réussite de son côté.

Il ne trouva plus réunie la bande, qui s'était sans doute séparée pendant la nuit, mais Marengo rencontra deux des bêtes qui en faisaient partie la veille, et son maître eut l'heureuse fortune de remettre la plus grande dans un canton de bois très-favorable à l'attaque qu'il méditait.

René, peu après, amena les chiens, au nombre de vingt-quatre, et ils furent découplés tous ensemble sur la dernière brisée.

Le lancer eut lieu presque immédiatement, la bauge de l'animal n'étant qu'à quelques longueurs de trait de la lisière du bois où il avait été rembuché.

Le sanglier, vivement poussé, prit sur-le-champ un grand parti vers les ventes de Saint-Gy et d'Argoulet, dans le voisinage de la ville de Château-Chinon. Il essaya ensuite de sauter dans la forêt de Plancher, d'où il était venu peut-être, mais on lui barra le chemin à temps et on le força ainsi à un retour dans la direction du lancer. Sur les quatre heures de l'après-

midi, M. de Champigny put lui envoyer une balle au
moment où il traversait la grande route. Il n'avait
alors que quelques pas d'avance sur les chiens. Blessé
probablement, il ne tarda pas à tenir les abois, ce qui
permit à l'intrépide veneur de le rejoindre au fort. Il le
trouva acculé dans une cépée, et tellement entouré
par toute la meute, qu'il lui fut d'abord impossible de
le tirer une seconde fois ; mais l'animal l'ayant aperçu,
se rua sur lui, et Ernest de Champigny, ferme comme
un roc, put l'achever à bout portant.

C'était, du reste, une jeune laie peu dangereuse. On
la porta en triomphe au château de Poussignol, et lorsque René en fit la curée, on eut le regret de découvrir
qu'elle était pleine de sept marcassins près de naître.

Il n'y avait plus rien à apprendre à cet équipage de
création récente, qui, semblable à nos jeunes con-
scrits, s'était conduit brillamment à la première affaire. Il prit place aussitôt parmi les meutes les plus
renommées du Morvan, et son maître eut désormais le
droit de se regarder comme le digne confrère des
hommes dont il n'avait été d'abord que l'élève.

A partir de ce moment, Ernest de Champigny, qui
pouvait croire à son avenir comme veneur, s'imposa
l'obligation de tenir un registre régulier de toutes ses
chasses. Je possède un extrait de ce curieux recueil de
bulletins cynégétiques écrits en quelque sorte sur le
champ de bataille, et c'est à cette source que je puise-
rai les documents dont j'ai besoin pour terminer cette
nouvelle étude biographique.

Avec le temps, le châtelain de Poussignol est devenu aussi un des plus habiles et des plus persévérants éleveurs de chevaux du Morvan. J'aurai donc à le faire connaître encore à mes lecteurs en cette qualité.

Je n'obligerai pas mes lecteurs à suivre M. Ernest de Champigny dans ses différentes chasses au sanglier, bien qu'il y en ait dans le nombre quelques-unes qui seraient certainement de nature à les intéresser vivement. Je me bornerai, pour le moment, à dire qu'à dater de son premier succès dans la grande vénerie, il ne cessa plus de déployer un zèle extraordinaire pour la destruction des bêtes noires qui ravageaient parfois, en automne, certaines parties du Morvan, et en particulier les environs de Château-Chinon.

Partout où le jeune veneur était appelé, on le voyait immédiatement accourir, suivi de son équipage, chaque jour meilleur, et accompagné de son piqueur René, qui avait fait tant de progrès dans la science de la chasse, qu'il n'avait déjà plus rien à apprendre, quoiqu'il fût encore loin de l'âge où l'expérience vous a enseigné beaucoup de choses. Le maître, dans ses diverses expéditions cynégétiques, montait habituellement une bête de demi-sang anglais, nommée *Bonne-Chance*, avec laquelle il a accompli des tâches presque impossibles. Bonne-Chance n'était jamais fatiguée, ne reculait devant aucun obstacle, si difficile qu'il fût, et si elle n'eût pas été affligée du défaut de craindre les coups de fusil, elle aurait été une monture de chasse incomparable. Quant à René, il a longtemps servi sa meute sur un vieux cheval appelé *Bédouin,* animal qui n'avait pas son pareil dans tout le pays pour percer le fort le plus épais sans ralentir son allure, et du haut duquel on pouvait ajuster aussi sûrement une pièce de gibier que si l'on eût eu les deux pieds solidement appuyés sur un bloc de granit. A l'écurie et dans la vie privée, si l'on peut s'exprimer ainsi en parlant d'un quadrupède, Bédouin était bien le plus détestable individu de son espèce que l'imagination puisse se représenter. Méchant à l'homme, insociable et presque féroce avec les autres chevaux, rétif, quinteux, sournois et rancunier, pas une seule imperfection désagréable ne lui manquait quand il n'avait pas là une trompe et des voix de chiens, la chasse, en un mot, pour assouplir son farouche caractère : c'était le roi Saül, à qui il fallait absolument la harpe de David pour calmer ses fureurs. Eh bien, malgré cela, René a souvent dit que, de tous les chevaux qui avaient passé par ses mains, Bédouin était le seul qu'il eût quelquefois souhaité immortel, parce qu'il n'y avait pas un exemple qu'il eût laissé son cavalier dans l'embarras : avec des fanfares et une meute derrière lui, il aurait marché sans s'en apercevoir d'un soleil à l'autre, comme ces chevaux turcomans qui font des cinquante et soixante lieues de suite quand ils ont sur leur dos des houris futures enlevées en Circassie.

6.

En 1840, M. Ernest de Champigny, dont la réputation était solidement établie, fut nommé louvetier pour l'arrondissement de Château-Chinon. Il n'avait pas, à l'imitation de tant d'autres chasseurs ou soi-disant tels, sollicité ce poste dans l'unique but d'avoir à sa disposition tous les bois et tous les gardes du pays. Déjà infatigable destructeur de renards, chasse pour laquelle il avait conservé quelques descendants de ses anciens briquets noirs marqués de feu, il voulut être aussi, et il fut en effet, consciencieux destructeur de loups. Dès que septembre arrivait avec ses matinées fraîches suivies de jours longs encore, il se mettait en campagne, et à l'aide des renseignements qu'il avait eu soin de se procurer d'avance, dans la saison où il est facile de reconnaître les lieux habités par des louves pleines, il faisait des *razzias* qu'on peut qualifier de magnifiques sans aucune exagération, comme on va en juger par cet exemple :

Dans une seule chasse, il a pris, en quelques heures, neuf louvarts ne formant qu'une portée, ce qui est un cas unique peut-être. La demi-douzaine n'était pas excessivement rare, et les cinq, quatre et trois fort communs.

Les vieux loups se tiraient aussi très-difficilement d'affaire avec lui, son coup de fusil, de même que celui de René, arrivant presque toujours à son adresse. Heureux enfants de saint Hubert! ils savaient également forcer et tuer, sans compter que la fortune leur envoyait parfois de ces hasards charmants qu'elle tient en réserve pour ses favoris.

Un jour, — c'était en 1850, — ils quêtaient une portée de loups remis le matin dans les bois d'Arleuf et de Roussillon. Le rembucher se trouvait dans un taillis si clair, que le châtelain de Poussignol, bien qu'il eût toute confiance en Réné, qui avait travaillé et détourné ces animaux, ne pouvait croire à leur présence dans un lieu pareil. Cependant les chiens ne rapprochèrent pas longtemps sans lancer, et l'on reconnut bientôt, en entendant des cris très-chauds dans deux directions différentes, qu'il y avait deux chasses au lieu d'une.

M. de Champigny, après s'être bien assuré que c'étaient les animaux cherchés qu'on venait de mettre sur pied, donna l'ordre à René de s'attacher à la plus éloignée de ces deux chasses, et il se mit à suivre l'autre; qui n'avait pas encore quitté l'enceinte de l'attaque.

S'étant placé en observation dans une vaste clairière pour essayer de découvrir, en écoutant, la direction qu'elle prendrait, il aperçut le louveteau que menait la portion de l'équipage qu'il s'était chargé de servir.

Son premier mouvement fut de lancer au galop Bonne-Chance contre l'animal, afin de l'obliger à se jeter en plaine; mais à sa grande surprise il le vit disparaître derrière une large roche qui s'élevait à un pied environ au-dessus du niveau de la clairière.

Bien convaincu qu'il n'avait pu se raser là, il descendit de cheval, fit le tour de la roche, et découvrit à sa base une excavation s'enfonçant en pente sous le sol.

Cela ressemblait à l'entrée d'un grand terrier à renards ou à blaireaux.

Les chiens arrivèrent sur ces entrefaites, et tout naturellement ils se trouvèrent à bout de voie comme leur maître.

Celui-ci, justement étonné de la disparition de son animal, encore qu'il en connût maintenant la cause, jeta aux quatre points cardinaux de vigoureux appels de trompe, et il eut en peu de temps près de lui quelques gardes et un M. Pignot du Pommoy, propriétaire dans le voisinage, qui suivait la chasse en amateur.

Il leur conta brièvement ce qui venait de se passer, tint conseil avec eux, et il fut convenu que M. Pignot, assisté de l'un des gardes, surveillerait l'entrée du terrier et empêcherait d'en sortir le louveteau qui s'y était refugié.

— S'il en vient d'autres, dit en riant Ernest de Champigny, vous les laisserez entrer.

Puis il enleva énergiquement ses chiens ébahis, et il s'en alla grand train les rallier à la chasse que suivait son piqueur, ainsi que je l'ai dit.

Il la rejoignit dans les bois de l'Abbesse, et moins d'une demi-heure après, on put sonner l'hallali à peu de distance d'un village dont toute la population avait quitté ses demeures pour voir succomber le jeune bandit, qui s'était déjà rendu redoutable par ses déprédations.

Comme René avait reconnu très-positivement quatre louveteaux le matin, en comptant celui qui s'était *terré*, il devait en rester encore deux dans l'enceinte.

En conséquence, on retourna la fouler de nouveau avec tout l'équipage réuni, et le lancer se fit bien moins attendre encore que la première fois.

Le louveteau, à peine mis sur pied, courut tout droit à la roche, comme quelqu'un qui passe d'une pièce dans une autre pour éviter une visite importune, et sans s'effrayer de la présence des deux personnes qui en observaient l'entrée, il disparut de la même façon que son frère.

— Nous en finirons avec ceux-là plus tard! s'écria M. de Champigny. Pour le moment, c'est du quatrième qu'il faut s'occuper... Au galop!

Ce quatrième eut l'amabilité de se laisser chasser pendant une bonne heure, et il fut pris après un hallali courant qui donna une très-divertissante comédie à l'assistance.

Il ne restait plus qu'à éclaircir les mystères de la roche, et on s'achemina de ce côté, en se demandant de quel procédé on userait pour forcer les deux impudents drôles qui s'étaient retirés là à paraître au grand jour.

Pendant qu'on délibérait sur le terrain même, un chien, plus entreprenant que les autres, s'introduisit sous la roche, et peu d'instants après les chasseurs entendirent sous leurs pieds un remue-ménage qui avait tous les caractères d'une lutte violente.

Puis le bruit diminua par degrés, et bientôt l'on aperçut la croupe du chien qui avançait lentement à reculons, comme toute croupe doit avancer.

Quand le chien fut parvenu à la sortie du terrier, on vit qu'il traînait le louveteau à sa suite, absolument comme un gendarme qui aurait arrêté un voleur au fond d'une caverne. On acheva le vaincu, aux trois quarts étranglés déjà, et pendant qu'on l'examinait, le vainqueur rentra dans la grotte sans qu'il fût nécessaire de l'exciter.

Il y eut une seconde bataille un peu plus longue que la première, ce louveteau étant probablement plus vigoureux que l'autre; mais le résultat fut le même, car le chien ramena encore sa victime, absolument — autre système — comme un braque de petite taille rapporte un énorme lièvre. Ce sont là de ces bonnes fortunes que bien peu de veneurs peuvent enregistrer dans leurs annales.

L'année 1851 vit une des plus belles campagnes de M. de Champigny, puisque dans l'espace de quelques semaines — dit son registre — il tua ou il prit cinq grands loups, quinze louveteaux ou louvards et onze sangliers; dix-huit renards succombèrent aussi devant sa meute. Dans le nombre des cinq grands loups dont je viens de parler, il se trouva une vigoureuse louve de trois ans qui fit une chasse admirable. On eut beaucoup de peine à la remettre, plus de peine encore à la lancer, et elle se défendit toujours dans les cantons de bois mal percés où il était impossible de se poster avec quelque certitude pour l'attendre au passage. Sur le soir, cependant, comme elle traversait l'étang de Bout, M. de Champigny put lui envoyer successivement deux coups de fusil du haut de sa jument, et il la blessa d'une façon assez sérieuse pour qu'elle ne pût plus faire autre chose que se traîner péniblement devant les chiens, encore frais et dispos. Ce fut à partir de ce moment que la chasse devint vraiment exceptionnelle. À chaque instant la louve, serrée de près par la meute, se retournait furieuse, et il y avait alors des batailles très-divertissantes pour les spectateurs. Il va sans dire que le maître de l'équipage avait défendu que l'on tirât de nouveau, de sorte que la louve finit ses jours étranglée à la nuit tombante. Elle était de la plus haute taille et pesait quatre-vingt-quinze livres, ce qui ne laisse pas que d'être très-beau pour un animal de cette espèce.

En 1854, le châtelain de Poussignol eut encore une bonne fortune cynégétique que pas un de ses confrères du Morvan n'avait eue avant lui dans le pays même. Un garde de la maison d'Aulnay vint lui dire un jour que les bois de son maître étaient fréquentés depuis quelque temps par un sanglier dont le pied énorme annonçait un animal tel qu'il n'en était jamais venu dans le pays. Le lendemain, M. de Champigny se transporta au lieu indiqué, qui était la forêt de Blin, après avoir d'abord donné l'ordre à René de l'y devancer pour faire le bois.

Le rapport du piqueur n'eut rien de bien encourageant. Il croyait, à la vérité, avoir une voie de bon

temps sous de grands gaulis, mais son limier ne se
rabattait sur elle qu'avec mollesse et presque répugnance, et lui-même ne pouvait pas dire avec certitude
à quel animal appartenait le pied rencontré par lui.

Comme ce n'était pas très-loin du rendez-vous,
M. de Champigny se décida à aller voir, par ses propres yeux, la brisée de Réné. A sa grande surprise, et
à sa satisfaction plus grande encore, il reconnut les
traces toutes fraîches d'un cerf au moins à sa quatrième tête, et en très-bonne venaison, à en juger par
la profondeur des empreintes laissées par lui sur le sol.

Un cerf dans le Morvan, c'était un événement extraordinaire et presque incroyable !

René, si grande que fût sa confiance en son maître,
conservait des doutes dont il ne voulait point parler,
et il se demandait tout bas si ce prétendu pied n'était
pas une nouvelle représentation de ce tour bien connu
que les piqueurs se jouent quelquefois, et qui consiste
à imiter les traces d'un animal quelconque, dans l'espoir qu'un camarade tombera dans le piége.

Toutefois, lorsque son maître lui eut dit de découpler, il obéit sur-le-champ. Les chiens, comme le limier
du matin, ne parurent pas très-chauds d'abord pour
ce fumet de gibier qui leur était encore inconnu ; mais
l'animal bondit sous leur nez, et la connaissance fut
bientôt faite. Ils le menèrent si rondement pendant
quatre heures, qu'ils l'auraient sans doute porté bas
avant la nuit, si un misérable garde ne se fût avisé de
lui envoyer une balle.

Cette chasse n'offre pas par elle-même un grand intérêt; mais j'ai tenu à la raconter en quelques lignes pour mettre mieux en lumière l'excellence de la race de chiens que possède M. de Champigny. Il fait des élèves avec l'intention de les donner au sanglier, et le premier animal de cette espèce qu'ils rencontrent, ils le chassent; il est nommé louvetier, et son équipage prend sur le loup comme s'il ne connaissait pas autre chose; enfin le hasard met un jour un cerf devant cette meute, et elle va le forcer, quand le fusil d'un fâcheux lui enlève cette victoire certaine. C'est assurément beaucoup de bonheur que tout cela; mais un bonheur semblable n'arrive qu'aux hommes persévérants, habiles et observateurs.

Aujourd'hui l'équipage de Poussignol se compose de vingt-quatre chiens pour le gros gibier, parmi lesquels il y a huit élèves qui partiront dans l'hiver. La petite meute pour le renard et le lièvre est de six bassets à jambes droites.

Au nombre des premiers on remarque Candor, Blandino, Marengo, Margano, Mascaro, Sonnefort, Réveille et Chicanaude.

Tous ces chiens et leurs compagnons que je ne nomme point ici, ont de vingt-cinq à vingt-huit pouces, et ils sont blanc orangé, blanc gris de loup, gris bleu, bleu foncé : Chicanaude seule est tricolore.

C'est toujours René qui conduit cette vaillante phalange. René a quarante-et-un an, et il y en a vingt-trois qu'il est chez le même maître. C'est un homme froid,

7

calme, énergique, qui parle peu et ne raille jamais.
Jamais non plus il ne se grise, bien rare qualité chez
un piqueur. Il est excellent valet de limier, et ses rapports méritent toute confiance, car lorsqu'il a affirmé
à moitié une chose, on peut dire qu'il en est tout à fait
sûr. Comme cavalier, la solidité l'emporte chez lui sur
l'élégance, mais il a un don précieux, c'est qu'en
usant beaucoup de ses chevaux il sait les faire durer
longtemps. Il y a une ombre à ce portrait flatteur : René
n'a pu encore apprendre à sonner correctement, et il est
à croire qu'il en sera de même à l'avenir. Jusqu'à présent
toutes ses fanfares se ressemblent un peu, et il faut
être accoutumé au *patois* de sa trompe — j'espère qu'il
voudra bien me pardonner cette expression en faveur
de mon estime pour ses mérites — pour distinguer ses
lancers de ses *débuchers.*

Il a sous ses ordres, comme second piqueur, un
nommé Léger, qui connaît déjà très-bien son affaire, et
comme valet de chiens un garçon appelé Jules. Tout
cela forme, dans des proportions modestes, un équipage aussi complet que possible.

C'est n'être veneur qu'à moitié que de n'avoir pas
la passion du cheval quand on a celle du chien. Cet
axiome qui vient de tomber de ma plume de vieux
chasseur obstiné, ne s'applique pas à M. Ernest de
Champigny, car s'il a un chenil bien tenu dans les
dépendances de son château de Poussignol, il y possède aussi un établissement hippique parfaitement
organisé, et de ses fenêtres il peut voir, dans les belles

prairies qui entourent sa demeure, de vigoureuses poulinières se promener gravement, et de gracieux poulains fendre l'air, la crinière au vent et les naseaux largement dilatés.

Les élèves qui sortent de son petit haras pour être livrés au commerce jouissent déjà d'une certaine renommée, non-seulement dans tout le Nivernais, mais encore dans une grande partie de la Bourgogne. Le demi-sang anglais qui coule dans leurs veines leur a communiqué l'élévation de taille dont manquait en général l'ancien cheval de chasse du Morvan, et ils ont pris de cette race justement célèbre le fonds, l'haleine, la solidité, la durée, en un mot, tout ce qu'on attribue avec raison à la saine limpidité des eaux du pays, et à la sécheresse nourrissante de ses excellents pâturages.

Du temps du marquis de Leuville, quelques-uns des produits de son haras de Vandenesse avaient pu faire des carrossiers remarqués même à la cour de Louis XV pour la beauté de leur prestance et l'élégante légèreté de leurs allures. Une semblable fortune est peut-être réservée aux élèves de l'établissement de Poussignol, dont plusieurs, réunis par couples, ont formé, m'a-t-on dit, des attelages d'une véritable distinction. Si le fait est exact, ce ne sera pas seulement comme destructeur de sangliers et de loups que M. Ernest de Champigny aura dignement rempli son rôle de grand propriétaire.

VII

UN BARON DU XVᵉ SIÈCLE

Les Mémoires contemporains, quand ils paraissent au grand jour de la publicité du vivant de ceux qui les ont écrits, ne disent pas toujours tout. Ils ont leurs réserves, leurs ménagements, leurs réticences, leurs délicatesses, leurs timidités, leurs voiles à demi-transparents jetés sur les hommes et sur les faits. On veut bien amuser, si faire se peut, ceux qui les liront, on ne se résigne pas aussi facilement à choquer ceux dont ils racontent la vie et les aventures. La mort seule est hardie : elle n'a pas de vengeance à craindre.

Je ne l'imiterai pas dans sa témérité peu méritoire,

mes chers lecteurs, bien que dans le plan que je me
suis tracé, les choses que je croirai devoir adoucir ou
dissimuler en partie ne puissent jamais être d'une
bien grande importance pour la renommée des personnes qu'elles concernent. Comme la bonne compagnie, la politique, la littérature et les arts, la vénerie a aussi ses originaux, gens sans doute fort
respectables sous une multitude de rapports, mais qui
ne poussent peut-être pas le mépris de tout respect
humain jusqu'à trouver bon que l'on mette leurs
noms en toutes lettres au bas de leurs portraits. Pour
ceux-là, dont l'histoire est cependant utile à raconter,
dans l'intérêt bien entendu de la science cynégétique,
j'ai imaginé un moyen terme auquel je ne reconnais
pas d'autre inconvénient que de ne pas pouvoir satisfaire complétement la curiosité des amateurs de
petits scandales : les bonnes âmes me pardonneront.

Sous ce titre — *Les Excentriques* — je réunirai
quelques biographies de veneurs contemporains, dont
les véritables noms seront remplacés par des pseudo-
nymes. De cette manière, les grandes actions de ces
personnages, mises en lumière, pourront servir
d'exemple aux races futures, et nul ne saura d'une
façon certaine à qui appartiennent leurs ridicules et
leurs bizarreries.

Rimbaud — c'est le nom qu'il me plaît de donner à
mon prétendu baron du XVe siècle — est un de ces
gentilshommes de bon lieu auxquels, sous l'ancien
régime, on octroyait par courtoisie la qualification

quelque peu exagérée de grands seigneurs. Dans ce temps-là il y avait des flatteurs et des railleurs comme de nos jours.

Rimbaud a dépassé aujourd'hui la cinquantaine de quatre ou cinq ans, ce qui ne l'empêche pas d'avoir encore l'œil vif comme un sanglier qui écoute, le teint fleuri comme un chanoine d'autrefois, la chevelure et la barbe sans un seul poil blanc, et les dents aussi solides et aussi étincelantes que celles d'un jeune loup. Il est de haute taille, bâti en hercule, avec des mains à couvrir une assiette et des pieds à dormir debout. Ses cheveux, d'une abondance vulgaire, sont blond ardent, ses énormes favoris franchement rouges, et favoris et cheveux encadrent un visage plein, jovial et pourtant dur, chaud de couleur comme un soleil de mars à son lever, un nez recourbé en bec d'oiseau de proie, et une bouche tout à la fois énergique et sensuelle. Ajoutez à cela une voix à faire trembler les vitres et des gestes à enfoncer les portes, et vous aurez mon personnage complet.

On croirait, n'est-ce pas, lire la description d'un de ces colosses qui courent les foires en maillot couleur de chair avec une massue à la main ? Eh bien ! malgré son extérieur grossier, Rimbaud sent son origine patricienne ; seulement, au lieu d'avoir l'air de l'homme de qualité de notre époque, il vous représente le châtelain inculte et farouche du moyen âge, et c'est pour cette raison que j'ai mis en tête de sa biographie — *Un baron du XVᵉ siècle.*

Si du physique de Rimbaud, je passe à son moral, la similitude paraîtra plus frappante encore. Rimbaud n'en est pas précisément réduit à mettre une croix à la place de sa signature au bas d'une lettre, mais ses amis doivent peut-être le regretter, car son écriture est des plus grotesques, et son ortographe surpasse en libertés bouffonnes et en fantaisies anti-grammaticales tout ce que les grisettes les plus prétentieuses de Paris se permettent, dit-on, en ce genre. J'ai sous les yeux une adresse de sa main, rédigée ainsi :

« *A Mossieu R*** fisse chais mossieu çon pair.*

han vil. »

Croyez bien, mes chers lecteurs, que si j'avais pu me procurer le message que recouvrait cette curieuse enveloppe, à laquelle tient encore un cachet blasonné, composé des pièces les plus nobles, ma foi ! je m'empresserais de vous en faire part : il devait être bien plus curieux encore.

Rimbaut boit comme un templier, jure comme un lansquenet, et, pour un *oui* ou pour un ***non,*** il est toujours prêt à assommer le *vilain* d'un coup de son poing formidable. Bon diable au fond, avec lui cependant la plus frivole discussion dégénère tout de suite en querelle violente. Alors il se dresse furieux, repousse sa chaise d'un coup de pied, crache dans ses mains, et malheur à vous si vous ne prenez pas immédiatement la porte. Malgré ces façons un peu sauvages, Rimbaud passe pour ne pas être insensible à l'amour, ou du

moins à ce qu'il se plaît à appeler de ce nom ; mais si
vous tenez à savoir quels beaux yeux ont fait battre
son cœur de taureau, gardez-vous d'aller aux informations dans les châteaux qui avoisinent son manoir
jeté sur un roc comme l'aire d'un vautour : vous n'y
apprendriez rien. Ce n'est ni le velours ni la soie, ni
la peau blanche et satinée, ni le regard furtif, le doux parler et le fin sourire qui charment Rimbaud. Ce qu'il
aime par-dessus tout, ce qui le met en belle humeur
et prolonge peut-être sa jeunesse, c'est la bure grossière de la rustique fille des champs, son visage rou-
geaud, tout moucheté de taches de rousseur, son fumet
de vache, de brebis ou de dindon, son œil étonné et
hardi tout ensemble, ses propos stupides et son gros
rire. Pour inscrire toutes les conquêtes de ce genre que
Rimbaud a faites depuis son bel âge de quinze ans, il
faudrait une bande de papier aussi longue que celle
sur laquelle Leporello avait dressé la liste des maî-
tresses de don Juan, et encore serait-elle peut-être in-
suffisante. Pour le nombre, Rimbaud l'emporte de
beaucoup sur le brillant seigneur espagnol.

C'est ordinairement dans les noces de village, où il
ne manque jamais de se faire convier, qu'il dresse ses
embûches galantes. Il y arrive toujours précédé ou
suivi d'un fourgon chargé de *harnois de gueule,* parmi
lesquels figure au premier rang le perfide vin de Champagne. Rimbaud, qui a fait son choix d'avance, verse
à flots le liquide corrupteur pendant le banquet dans
la grange ou sous le hangar, et il recommence et con-

tinue ses généreuses libations tant que le bal dure sous la feuillée ; puis, lorsque la nuit est bien sombre, la danse très-animée, Lovelace entraîne Clarisse dans quelque fourré du voisinage. Le père est gris depuis longtemps ; les frères achèvent de se griser, et tout se passe sans le moindre scandale. Qui oserait d'ailleurs chercher querelle à Rimbaud ? On l'a vu maintes fois faire geindre son cheval en le serrant dans ses genoux, ou arrêter d'une seule main un sanglier furibond, en le saisissant par une de ses écoutes.

Rimbaud a encore un autre moyen de séduction auprès du sexe faible et fragile : il joue de la musette à soufflet comme Arban joue du cornet à piston, et il arrive souvent que des jeunes filles des hameaux situés aux alentours de sa demeure, véritables petits chaperons rouges qui se fourvoient dans la caverne du loup prêt à les dévorer, viennent chez lui et le prient avec toutes sortes de cajoleries de les gratifier pendant la veillée de ses bourrées les plus vives et de ses branles les plus gais. Quelle bonne fortune pour notre séducteur de profession ! Ici je m'arrête..... *La Vénerie contemporaine* est un ouvrage qui respecte ses lecteurs et qui se respecte lui-même.

Rimbaud, dans sa passion pour la musique, ne se borne pas à faire résonner l'instrument champêtre, sur lequel il est de première force, dans l'intérieur de sa maison. Durant les beaux jours de l'été, quand toute chasse est impossible encore, il s'affuble d'un costume complet de velours gros bleu, entoure son cou robuste

7.

d'un foulard orange ou cramoisi, noué négligemment
à la Colin, posé crânement sur son oreille droite un
large feutre gris, tout déformé par les renfoncements
qu'il lui donne dans ses nombreux accès de mauvaise
humeur, et, sa musette sous le bras, il s'en va dans
l'une de ces foires de village où les jeunes garçons et
les jeunes filles du canton accourent en foule pour se
louer en qualité de domestiques dans les fermes. Dès
que Rimbaud paraît, il est environné, pressé, conjuré
de se faire entendre, et, comme il ne demande pas
mieux, un bal, le plus animé et le plus bruyant de
tous, est bientôt organisé autour de lui.

Je l'ai vu dans une de ces grandes assemblées rustiques, appelées *loues* dans le pays, et ce souvenir ne
sortira jamais de ma mémoire. Quelle belle prestance
il avait, debout sur un banc de pierre qui exhaussait
de deux pieds environ sa taille de géant ! Quelle longueur et quelle puissance d'haleine il trouvait dans sa
large et profonde poitrine pour la plus grande joie des
Margotons, des Fanchons et des Louisons qui tourbil-
lonnaient dans la poussière à ses pieds ! C'était tout à
la fois magnifique et hideux à voir.

Eh bien, ce grotesque personnage, qui, par les sentiments, les goûts et les manières, n'est précisément
ni un gentilhomme, ni un bourgeois, ni un inculte ha-
bitant de la campagne, s'est acquis, avec toute espèce
de raison, la renommée d'un des premiers veneurs de
notre temps. Depuis plus d'un tiers de siècle, il remplit la province qu'il habite et les provinces voisines

du bruit de ses nombreux exploits. Toute sa fortune — et elle est assez considérable — passe à l'entretien de son équipage et à la dépense de ses déplacements. Aucun sacrifice d'argent ne lui coûte quand il s'agit de se procurer, soit un bon piqueur, soit un bon cheval, soit un bon chien, lice ou étalon. Les forêts de l'État, à dix lieues à la ronde, c'est lui qui les afferme, les peuple de grand gibier, y construit des pavillons de halte, y fait planter des poteaux de rendez-vous, et les défend contre les entreprises des autres veneurs ses rivaux, qui le détestent tous cordialement, cela va sans dire.

Rimbaud n'aime pas la chasse pour les jouissances de vanité satisfaite qu'elle procure, ou pour l'agréable compagnie qu'elle fournit l'occasion de rassembler de temps en temps. Il ne lui demande que l'émotion égoïste et solitaire, la lutte mystérieuse et le dénouement tragique, en tête-à-tête avec un sanglier ivre de fureur. Il se passerait volontiers de piqueur et de valet de chiens, s'il pouvait suffire seul au service de sa meute, toujours composée de soixante à soixante-dix chiens de premier ordre, et, chose bizarre que je n'ai jamais pu m'expliquer, ayant tous la mine aussi farouche que le visage de leur maître. Quand on voit celui-ci traverser un village à leur tête, l'imagination se représente involontairement Attila conduisant une de ses hordes sauvages à quelque expédition où il n'y aura de merci pour personne.

Rimbaud, en fait de vénerie, n'a pas de système absolu, et depuis qu'il chasse, il ne s'est jamais imposé la loi d'agir de telle ou telle manière. Avec ses bâtards anglais, qui unissent la grande vigueur à la grande vitesse, il peut forcer neuf fois sur dix tout ce qu'il attaque, et cependant il lui arrive quelquefois de terminer brusquement par une balle une poursuite animée et savante qui pourrait lui procurer encore deux ou trois heures de vives jouissances. Mais quand le sanglier s'annonce dangereux et intrépide par la répugnance qu'il a montrée à quitter sa bauge, Rimbaud le laisse courir jusqu'au complet épuisement de ses moyens de locomotion, parce qu'il sait bien que l'animal, ne pouvant plus se tirer d'affaire par la fuite, se défendra alors d'une autre manière. Dans ces occasions-là, Rimbaud n'a jamais recours à sa carabine. Il met pied à terre, dégage de son fourreau la courte dague qui pend à son côté, et il marche droit à son adversaire, sans prendre aucune de ces précautions que les veneurs les plus courageux ne manquent guère d'observer en pareil cas. Il sait que s'il n'atteint pas l'animal au cœur dans le premier choc, et qu'il en soit trop près pour chercher à le percer de nouveau, il lui restera toujours la ressource de l'étourdir d'un coup de poing et de l'étouffer ensuite dans ses bras.

J'avais souvent entendu parler de Rimbaud dans ma jeunesse, et me trouvant par hasard pour quelques jours, il y a une dizaine d'années, dans la province qu'il habite, je fus pris du désir bien naturel d'être mis en relations et de chasser au moins une fois avec lui. Je connaissais d'avance sa sauvagerie, et, pour la vaincre, je m'adressai au garde général de l'arrondissement, excellent homme, à qui Rimbaud ne refusait presque jamais rien, parce qu'il avait presque toujours aussi quelque chose à lui demander lui-même. Il fit cependant des difficultés aux premières paroles qu'on lui adressa à mon sujet, et le garde général dut insister pour obtenir la faveur que je sollicitais. Une fois vaincu dans sa résistance, Rimbaud s'exécuta de bonne grâce, et le lendemain matin, à une heure peu avancée encore, je reçus de lui un message verbal par lequel il m'invitait à venir coucher le soir même dans un pavillon qu'il s'était fait construire à la lisière de la forêt de C...., l'un de ses quartiers généraux d'automme.

Dans l'après-midi, monté sur un assez bon cheval de la Brenne, que mon ami le garde général m'avait procuré, je me mis en route pour la forêt de C... après m'être bien renseigné sur les différents chemins de traverse qui devaient successivement me conduire au pavillon de Rimbaud.

Je ne sais pas comment cela se fit, mais je m'égarai si bien qu'au coucher du soleil j'étais encore à deux grandes lieues du pavillon, où j'aurais dû être rendu depuis une heure au moins.

Un berger me remit dans la direction que j'avais perdue, et, malgré l'obscurité qui croissait de minute en minute, j'arrivai enfin à ma destination.

Voilà le spectacle qui s'offrit à ma vue.

Le pavillon de Rimbaud était situé dans une partie de la forêt où habitaient plusieurs familles de charbonniers, de sabotiers, de fendeurs et de bûcherons. Ces gens, avec leurs femmes et leurs enfants, occupaient des huttes qui formaient une espèce de hameau autour de la demeure principale, où résidait l'hôte que j'allais visiter.

Or, dans cette dernière demeure, il y avait fête complète, c'est-à-dire bal, festin en permanence et illumination.

Le bal consistait en une ronde rapide d'une douzaine de jeunes filles, depuis l'âge de quatorze ans jusqu'à celui de vingt-deux et au-delà. Elles avaient toutes des sabots, et elles poussaient des cris de joie en tournant, double bruit qui remplissait l'espace d'un vacarme épouvantable.

C'était Rimbaud, debout sur une corde de bois, qui faisait l'orchestre avec sa musette.

Le festin se composait d'une feuillette de vin défoncée, dans laquelle on puisait par en haut, et de deux ou trois énormes quartiers de viande rôtie posés sur des planches.

Une demi-douzaine de feux de branches sèches, dispersés çà et là, formaient l'illumination, et elle était vraiment brillante et pittoresque.

Rimbaud m'aperçut comme je mettais pied à terre, et il me cria du haut de ses bûches que j'étais le bienvenu, et qu'il irait me serrer la main dans quelques minutes.

Ces quelques minutes s'allongèrent en une bonne demi-heure, car chaque fois que mon hôte tirait de son instrument ces sons rauques qui annoncent la fin de la danse, les jeunes filles, l'une d'elles surtout, le priaient de continuer encore, et il cédait à leurs instances.

Je lui rendrai cette justice que les grosses jambes de ses nymphes se fatiguèrent avant ses poumons de satyre, et qu'il ne se rapprocha de moi que quand la ronde finit par la lassitude des danseuses.

Avec un homme de ce caractère, et surtout de ces habitudes, la conversation ne pouvait pas être bien longue. Nous nous bornâmes à échanger quelques paroles sur la chasse du lendemain, puis il me conduisit dans une des chambres de son pavillon, que je trouvai plus confortable que je ne m'y attendais, et il me quitta après m'avoir souhaité une bonne nuit.

Le lendemain, à neuf heures du matin, nous avions solidement déjeuné, copieusement bu, très-peu causé, et nous montions à cheval pour gagner le rendez-vous qui n'était pas très-éloigné.

Nous y trouvâmes l'équipage de Rimbaud que je n'avais pas vu encore, et qui me frappa par l'imposante beauté des soixante chiens de haute taille qui le composaient. Ils avaient tous cet aspect farouche dont j'ai parlé, et ils semblaient dévorés d'une ardeur sombre du plus favorable augure.

Le piqueur était un vieux Vendéen nommé La

Forêt, qui me parut assez insignifiant, surtout en comparaison de son maître et de sa meute.

Trois ou quatre gardes, déjà de retour de leur quête, firent leur rapport en peu de mots.

On chassera l'animal qui a fait sa nuit sans quitter son enceinte, — dit brusquement Rimbaud, — et l'on découplera tous les chiens à la fois... Ah çà, vous autres, ne vous avisez pas de tirer si vous ne voulez pas que nous nous fâchions... Allons, La Forêt, en route !

Dix minutes après, l'équipage abordait dans sa bauge un vieux grognon de sanglier qui débuta par découdre les quatre premiers chiens qui vinrent lui signifier de déguerpir. Rimbaud se jeta dans le fourré, et presque immédiatement l'animal, effrayé sans doute par la présence de ce nouvel adversaire, se mit à détaler grand train.

Mon hôte montait un double poney taillé en cheval de charrette, et qui était cependant d'une légèreté extraordinaire. Il n'embrassait pas beaucoup de terrain dans chacun de ses bonds, mais les multipliait avec une rapidité si grande, qu'en définitive il aurait pu lutter, j'en suis convaincu, avec le cheval anglais le plus vite. Il ne courait pas à la manière des animaux montés sur quatre jambes, il roulait comme une boule. Il était aussi excellent sauteur, et quand la haie qui lui barrait le passage était trop haute pour être franchie, il la traversait avec autant de facilité que si c'eût été une feuille de papier.

Grâce à la vigueur et à l'adresse de mon petit cheval de la Brenne, je pus tenir tête à ce formidable jouteur, et j'eus de la sorte la satisfaction de ne pas perdre de vue Rimbaud un seul instant. Il y eut un assez long débucher et deux ou trois abois en plaine, qui fournirent à mon intrépide compagnon l'occasion de me montrer de quoi il était capable, car chaque fois il se précipita à bas de son poney et força à coups de pied le sanglier à continuer sa route. Je n'avais de ma vie assisté à un spectacle pareil. Vers le soir, notre animal, presque sur ses fins, se mêla à une harde de laies et de bêtes de compagnie, qui mirent un peu de désordre dans notre équipage, parfaitement ensemble jusqu'à ce moment. Un change pouvait résulter de cette fâcheuse rencontre, et, afin de l'empêcher, nous nous séparâmes, Rimbaud et moi.

Pendant qu'il appuyait vigoureusement ceux de ses chiens que la harde n'avait pas dérangés dans leur poursuite; moi, je ralliais les autres de mon mieux, et quand ce fut fait, je les enlevai pour rejoindre le plus promptement possible la chasse que j'entendais dans une gorge profonde au-dessous de moi.

Mais, quelque diligence que je fisse, l'hallali était déjà commencé quand j'arrivai.

C'était, quoique notre sanglier n'eût pas été blessé, un véritable hallali par terre, car l'animal était bien étendu tout de son long sur le sol, et Rimbaud, agenouillé sur sa poitrine haletante, le saignait à la jugulaire absolument comme un charcutier saigne un cochon.

Je ne sais pas ce qui s'était passé avant, mais voilà dans quel état je trouvai les choses.

Quand je témoignai mon admiration à Rimbaud, il haussa les épaules de façon à me faire croire qu'il était bien plus surpris de mon étonnement que moi je ne l'étais de son courage, et quelques minutes après, le vieux La Forêt me dit à voix basse :

— Monsieur n'en fait jamais d'autres. Il n'y a pas d'agrément à chasser avec lui : c'est toujours son tour.

VIII

LE MUGUET DE VÉNERIE

Appelons-le Dorante; car c'est peut-être le nom que lui aurait donné notre inimitable La Bruyère, si, parmi les veneurs célèbres de son temps, il avait eu à tracer le portrait d'un personnage ayant quelques points de ressemblance avec celui que je vais essayer de mettre en scène, comme contraste à l'esquisse précédente.

Je ne sais si c'est une erreur de mon jugement, mais il me semble qu'autant le Clitandre de l'ancienne comédie vous apparaît tout de suite sous la forme séduisante d'un jeune amoureux toujours occupé à

écrire des billets doux ou à méditer des déclarations
brûlantes à faire de vive voix, autant le Dorante vous
donne plutôt l'idée du petit-maître exclusivement épris
de sa personne, du coquet, du soigné, du délicat, du
suprême raffiné en toute chose, du *muguet,* en un mot,
tel que l'entendaient nos bonnes aïeules, dont la
naïveté piquante a inventé tant d'expressions heureuses pour rendre leur pensée.

Le *muguet,* suivant la signification qu'il me plaît
d'attribuer à cette locution malheureusement vieillie,
c'est l'élégant par excellence, l'homme que toute vul-
garité choque et irrite, et qui n'est satisfait de lui-
même que quand il surpasse en recherche ceux qui
se sont déjà acquis la renommée de l'emporter en distinction sur tout le monde. On comprend qu'il ne peut
être question ici que de cette distinction purement
extérieure, qu'il serait plus juste de qualifier d'originalité, et qui a mis si promptement à la mode le spirituel et impertinent Brummel, il y a un demi-siècle,
et de nos jours l'aimable et beau comte Alfred
d'Orsay.

J'entends d'ici quelques-uns de mes lecteurs se demander comment une semblable disposition de caractère peut se concilier avec le goût excessif de la
chasse, qui suppose toujours, du moins si l'on s'en
rapporte à l'opinion généralement adoptée par les adversaires de cette noble passion, un peu de rudesse
dans les manières, et même, parfois, un certain fonds
de grossièreté dans les sentiments et de sauvagerie

native dans les instincts. Je sens toute la valeur de
cette objection, que je me suis faite à moi-même avant
d'avoir vu de mes yeux le bizarre personnage dont je
vais parler ; mais qui ne sait que le vrai n'est pas
toujours vraisemblable? et puisque j'ai annoncé un
original, j'ai bien le droit, ce me semble, d'être cru
sur parole lorsque je montre une physionomie qui n'a
de ressemblance avec aucun type connu. En fait de
caractère, rien n'est absolument faux, parce que tout
peut être exact par exception. Ce point éclairci pour
l'acquit de ma conscience, je reviens à Dorante.

Il a aujourd'hui quarante ans, mais il n'en avoue
volontiers que trente, et quand il se trouve réuni à des
complaisants ou à des obligés dont il est sûr, il se
supprime encore, sans le moindre scrupule, un petit
lustre dans l'occasion. Peu d'hommes ont d'ailleurs
autant de droits apparents que lui à se passer l'innocente satisfaction de se rajeunir. Dorante est frais
comme un bouton de rose éclos à la rosée du matin.
— Ceci n'est pas une façon banale de s'exprimer. —
Son visage, rond, plein, lisse et luisant ne porte ni une
ride imperceptible, ni une tache de quelque nature
qu'elle soit. Son œil gris clair, quand il ne rencontre
aucun objet qui puisse choquer sa délicatesse de sen-
sitive, est éveillé, finement railleur et d'une sagacité
pénétrante et inquiète qui trahit un amour-propre
toujours un peu sur le qui-vive. La bouche de Dorante
est petite ; ses lèvres, assez saillantes, sont du plus
beau vermillon, et quand elles s'entr'ouvrent pour

laisser passer la parole ou briller le sourire, elles montrent deux rangées de dents que je comparerais hardiment à des perles, n'était que l'expression me paraît avoir perdu quelque peu de la nouveauté qu'elle a dû avoir à une époque déjà éloignée de nous. Ce charmant visage est encadré dans une paire de favoris châtains, dont la régularité ferait le désespoir de l'Anglais le plus soigné. Pas un poil ne dépasse l'autre. La fine boucle qui les termine de chaque côté vers le menton, est exactement semblable à celle qui les commence au bas de la tempe. La chevelure offre la même précision désespérante : elle est ondulée, luisante, douce à l'œil, et l'on serait presque tenté de croire que le léger parfum qui s'en exhale, est son odeur naturelle. Dorante est de petite taille, mais si bien proportionné, que l'on voit tout de suite qu'il doit être agile, vigoureux et adroit. Sa main est blanche et potelée comme celle d'une douairière de trente-six ans, et son pied cambré et mignon serait remarqué à Séville.

Dorante est d'une politesse exquise avec les hommes, et d'une courtoisie charmante avec les femmes, dont il voudrait toujours avoir quelques-unes autour de lui quand il chasse. Cependant il ne s'est pas encore marié, et il y a de mauvaises langues qui donnent de son célibat prolongé une explication que je serais fort embarrassé de rapporter ici. Lorsqu'on le questionne directement à ce sujet, — et les mères de famille de son voisinage ne s'en font pas faute, — il répond, sans se troubler, qu'un vrai disciple de saint Hubert doit conserver sa liberté aussi longtemps qu'il est jeune.

Ceci nous amène tout naturellement à édifier le lecteur, de plus en plus incrédule sans doute, sur la passion de Dorante pour la chasse. Cette passion est vive et sincère dans son genre, en ce sens qu'elle absorbe de la vie de mon héros tout le temps qu'il ne consacre pas au soin de sa personne. La saison venue, lorsque Dorante s'est baigné, rasé, lissé, pincé à la taille et parfumé de la tête aux pieds, il enfourche une bête de pur sang, dont la toilette n'a été ni moins longue ni moins minutieuse que la sienne, et suivi de ses quarante *harriers* blanc de lait moucheté de fauve clair, il se dirige vers ses bois, bien routés, bien élagués, et là, son piqueur Fleur-d'Épine découple au hasard, certain d'avance de l'animal qu'il lancera dans quelques minutes. Cet animal n'est ni le dix-cors violent et cynique dans ses amours, ni le sanglier farouche qui se souille dans toutes les mares et se vautre dans chaque bourbier qu'il rencontre, ni le loup qui se repaît de la viande infecte des bêtes mortes, ni même le lièvre, dont le palais peu délicat ne préfère le serpolet au chou que par nécessité. Ce qu'il faut à Dorante, c'est le chevreuil au corsage élégant, à la robe toujours brillante, aux pieds noirs et luisants comme l'ébène poli; le chevreuil, aux habitudes recherchées et aux chastes et mystérieuses amours sous les feuillées les plus épaisses. Lui seul peuple les forêts de

Dorante, et les chiens de celui-ci ne connaissent pas d'autre voie.

Une fois l'animal lancé, Dorante égale en intrépidité et en persévérance les plus courageux et les plus patients veneurs. Il suit sans se détourner d'aucun obstacle, et s'il n'expose jamais son gracieux costume aux ronces des fourrés, c'est que ses bois sont si bien percés, qu'il n'y a, en nulle occasion, nécessité pour lui de piquer au fort pour serrer la chasse de plus près. Il prend ordinairement son brocard en quatre à cinq heures, et quand il arrive le premier neuf fois sur dix, à l'hallali, il est exactement du haut en bas comme au moment où il est sorti de son cabinet de toilette pour monter à cheval. Son col de fine toile de Hollande n'a pas été abattu par la transpiration; sa cravate en satin bleu saphir est toujours aussi correctement croisée sur sa poitrine, et ses bottes vernies à se mirer dedans, n'ont pas reçu une seule mouche de boue. Quand le brocard a été étranglé par les chiens, on le dépose dans un petit palanquin orné de guirlandes de feuillage, et deux valets de vénerie, en livrée d'une originalité pittoresque, le déposent au retour dans la cour d'honneur du manoir, où l'on fait invariablement la curée aux flambeaux.

Rien de plus coquet que le costume de chasse adopté par Dorante. Il a voulu avant tout qu'on ne pût l'accuser d'imitation, et je lui rendrai cette justice qu'il a parfaitement réussi. Au long habit rouge et au chapeau rond des *coureurs* de renard de la Grande-

Bretagne, il a substitué la courte jaquette de velours marron et un petit tricorne légèrement galonné d'argent. La cravate — je l'ai déjà dit — est en satin bleu saphir, et elle forme un gros nœud artistement maintenu par une épingle d'un goût irréprochable.

Le gilet est chamois clair, la culotte gris perle, sur laquelle tranche de la façon la plus heureuse le revers de la botte en cuir nankin. Sur tout autre personnage, ce vêtement rappellerait peut-être le chasseur d'opéra-comique : porté par Dorante, il est d'une suprême élégance et ne prête nullement à la raillerie. Quand le temps est pluvieux et froid, notre veneur, au lieu de l'ignoble peau de bique, s'affuble d'un galant surtout en astracan noir moiré. Son couteau de chasse est signé du nom d'un bijoutier célèbre, et sa trompe — dont, par parenthèse, il ne sonne jamais par respect pour ses lèvres — a coûté deux ans de méditation à Sax.

C'est en 1852 que j'ai rencontré Dorante, dans un petit voyage que je fis à Paris au printemps. Il essayait des chevaux chez Moïse dans l'avenue de Montaigne, et, m'ayant entendu nommer, il vint à moi pour m'adresser des paroles bienveillantes sur mes *Gentilshommes chasseurs,* qu'il venait de lire et dont il avait été charmé, — disait-il. — Cette vénerie poudrée et galonnée de l'ancien régime, qui lui rappelait la sienne, lui avait littéralement tourné la tête. Il voulut absolument que je l'aidasse de mes conseils pour ses acquisitions, et quand nous nous séparâmes, il

8

exigea de moi la promesse que je me trouverais, à six heures et demie précises, au café de Paris pour dîner avec lui.

Je n'eus garde de manquer à ma parole, car je n'avais pas tardé à découvrir que le hasard venait de me mettre une fois de plus en présence d'une de ces individualités exceptionnelles dont j'ai toujours été très-friand depuis l'époque où j'ai commencé à écrire sur la chasse. Dorante était déjà au rendez-vous quand j'y arrivai, et après l'échange de quelques politesses cordiales, bien qu'un peu cérémonieuses de sa part, il me communiqua le menu de notre dîner, qui était rédigé de main de maître. Une fois à table, il se mit peu à peu à son aise, et il m'expliqua comment ayant eu, dès sa plus tendre jeunesse, le goût de l'élégance et celui de la chasse, qui semblent inconciliables au premier abord, il avait fini par les faire marcher de front, sans les sacrifier l'un à l'autre, — prétendait-il. — Sachant par de nombreuses expériences que rien n'est plus propre que la contradiction à mettre un caractère dans sa vérité, je fis observer à Dorante que la résolution prise par lui de ne jamais chasser que le chevreuil, sous le prétexte qu'il est l'hôte le plus distingué de nos forêts, ne me prouvait pas qu'il tînt, ainsi qu'il le croyait, une balance bien égale entre les deux passions qui remplissaient sa vie; car en excluant de ses déduits cynégétiques le dix-cors à la majestueuse défense, le loup aux longues et savantes refuites, et le sanglier aux abois émouvants, il se privait des jouis-

sances que goûtent en foule les veneurs moins délicats
que lui.

— Bien d'autres, monsieur le marquis, m'ont dit
tout cela avant vous, me répondit-il, sans paraître le
moins du monde choqué de ma remarque, qui attaquait de front son système sur le point le plus vulné-
rable, mais ces émotions vives dont vous parlez, je ne
sais vraiment à quoi elles sont bonnes, si ce n'est à
défigurer peu à peu un homme jusqu'à le rendre à la
longue tout différent de ce que Dieu l'a fait. La physionomie d'un veneur qui voit, une fois la semaine,
éventrer, découdre ou étrangler ses chiens les plus
chers, doit nécessairement finir par contracter une
expression de fureur et d'effroi qui n'a rien d'agréable,
vous en conviendrez. Il y a des gens qui n'aiment au
théâtre que le drame, et d'autres que la comédie ou le
vaudeville. Je suis de ces derniers en vénerie. Mes in-
nocents hallalis de chevreuil me font doucement sourire, au lieu de provoquer chez moi ces horripilations
désorganisatrices qui vous hérissent les cheveux sur
la tête et vous rendent l'œil hagard et injecté comme
celui d'un homme qui vient d'assister à un assassinat.
Il est beau certainement de vaincre la force, mais la
lutte contre la ruse a bien aussi son charme, et aucun
veneur ne refusera au chevreuil d'être le plus rusé de
tous les animaux.

— Vous ne m'avez pas convaincu, monsieur, repris-je, mais une mauvaise cause devient presque bonne
quand on la défend avec une aussi spirituelle bonho-

mie... Cependant, toujours chasser le chevreuil, cela doit à la longue paraître bien fade.

— Demandez aux gens qui ne font la cour qu'à des coquettes rieuses, s'ils s'ennuient de leur métier. La violence est constamment la même, tandis que la finesse n'est jamais à bout de moyens de défense.

Et Dorante se regarda complaisamment dans une grande glace placée en face de lui au milieu de ce petit salon rond de l'ancien café de Paris, où toute l'Europe a déjeuné, dîné et soupé pendant trente ans.

La conversation se soutint sur ce ton jusqu'à une heure assez avancée de la soirée, et nous la continuâmes encore sur le boulevard en regagnant le quartier de la Madeleine, où nous demeurions l'un et l'autre.

Au mois de septembre de la même année, je reçus à Bourbon-l'Archambault un petit billet coquet et parfumé de Dorante, qui m'invitait de la manière la plus aimable à venir ouvrir la chasse à courre chez lui dans les premiers jours de la semaine suivante. Il mettait à ma disposition une petite jument limousine, très-douce et très-liante, qui devait parfaitement convenir à un ancien veneur devenu homme de lettres et ayant par conséquent perdu un peu l'habitude du cheval.

Je pris la diligence, le manoir de Dorante n'étant pas situé sur une ligne de chemin de fer, et j'arrivai chez lui la veille du jour qu'il m'avait indiqué.

J'aurais ici une bien bonne occasion de décrire une des plus charmantes demeures que j'aie jamais vues;

mais je résiste à la tentation pour revenir plus vite à Dorante lui-même. Qu'il suffise à mes lecteurs de savoir que l'habitation de mon hôte était de la cave au grenier aussi coquette et aussi recherchée que lui.

J'ai passé une semaine entière sous son toit, et du lundi matin au samedi soir, nous avons chassé et pris trois chevreuils. Jamais je n'avais vu jusqu'alors d'équipage mieux tenu, mieux dressé et plus parfaitement ensemble que celui de Dorante. Nous partions le matin après le déjeuner; on découplait à une demi-heure de marche environ du château, dans des bois qui étaient soignés comme le parc, et invariablement dix ou quinze minutes après nous avions lancé. Le brocard, — les *harriers* de mon hôte ne mettaient jamais de chevrettes sur pied, — le brocard, dis-je, se faisait d'abord battre dans des taillis ou sous des gaulis traversés de nombreuses *cavalières* unies comme des allées de jardin; puis il gagnait des prairies coupées de ruisseaux et des collines couvertes de verdure, et par de longs détours il revenait à son lancer, où d'habitude il entassait ruse sur ruse jusqu'à ce qu'il fût porté bas par les chiens. Dans tout cela, il n'y avait pas, comme l'on voit, une grande variété de péripéties; mais la meute était si gracieuse et si savante, le piqueur Fleur-d'Épine si courtois et si bien tout à son affaire, le maître si curieux à étudier dans ses mille mièvreries de *veneur muguet*, et le pays si riant, que j'avais fini par compter de bonne foi Dorante au nombre des plus heureux disciples de saint Hubert de

8.

notre temps. Je le lui dis, et je reconnus sans peine, à l'épanouissement extraordinaire qui se manifesta à l'instant même sur son visage blanc et rose, que j'avais trouvé là le meilleur moyen de lui témoigner ma reconnaissance pour sa gracieuse hospitalité.

Je ne me permettrai pas d'écrire en toutes lettres le nom véritable de Dorante; mais si parmi mes lecteurs, il s'en trouve quelques-uns qui désirent sérieusement le savoir, je le leur confierai, à la condition qu'ils me garderont le secret mieux que les voisines de la bonne femme des fables de La Fontaine dont le mari avait pondu un œuf.

IX

LES PATRIARCHES DE VÉNERIE

Au mois de novembre 1851, — date qui, par parenthèse, se présente d'une façon assez lugubre à ma mémoire, car elle me rappelle mes dernières grandes chasses à courre, — j'avais été invité par d'anciens amis à aller célébrer une Saint-Hubert du bon vieux temps dans les environs de la petite ville de S***, près de laquelle leur habitation est située. Ces amis sont deux frères qui ne s'étaient jamais ni quittés ni mariés, quoiqu'ils ne fussent plus jeunes ni l'un ni l'autre.

Il résultait tout naturellement de cette circonstance

que nous devions être complétement entre hommes
pendant le temps que nous passerions ensemble, ce
qui, j'en demande bien pardon à la plus belle moitié
du genre humain, ne nuit jamais aux solennités cynégétiques. Quand on est encore assez jeune pour être à
peu près sûr de pouvoir se montrer le jarret tendu, la
taille cambrée et souple, et la poitrine fièrement bom-
bée comme la carène d'un navire, après une séance
de sept ou huit heures à cheval, on peut penser avec
un certain plaisir qu'on trouvera quelques femmes au
salon; mais lorsqu'on approche de la cinquantaine, et
qu'on est devenu peu à peu, et pour cause, plus dévot
au culte de Diane qu'à celui de Vénus, on aime bien,
en quittant sa casaque de gros drap vert, toute trempée de l'eau des gaulis, et ses bottes roidies par la
boue des chemins, on aime bien, — dis-je, — au lieu
d'être condamné de par le code du savoir-vivre à s'em-
prisonner le cou dans une cravate blanche, le buste
roué de fatigue dans un habit noir et les pieds endo-
loris et enflés dans des brodequins vernis, chausser
tout bonnement de larges pantoufles et s'envelopper le
corps dans une ample et moelleuse robe de chambre.
Comme alors on fait mieux honneur au festin de l'amphytrion ! comme on cause avec une gaieté plus franche
et un abandon de meilleur aloi ! comme on est plus à
son aise pour raconter, entre la poire et le fromage.
quelques-unes de ces belles histoires de chasse qui ont
toujours tant de succès sur un auditoire de veneurs
dont les âmes sont encore tout émues des événements

de la journée! Les élégantes réunions des premières semaines de l'automne, dans les demeures aristocratiques de la Bourgogne, de la Touraine et du Berry, alors qu'il y a au rendez-vous, éclairé par un radieux soleil de septembre, cinq ou six calèches à quatre chevaux et une douzaine de brillantes amazones, ont certainement leur charme, auquel j'ai plus d'une fois rendu hommage dans mes récits. Cependant je me suis de loin en loin surpris à leur préférer les modestes rassemblements d'amis dans les rustiques manoirs des provinces un peu arriérées en fait de *confort.* Là tout est d'un primitif qui vous épanouit doucement le cœur dès que vous avez touché le seuil hospitalier. Le maître de la maison est en veste et il a le cigare à la bouche. Il vous serre la main à vous l'engourdir et vous conduit dans votre chambre en vous disant que vous êtes chez vous et non chez lui. Sur votre passage, les compagnons déjà arrivés vous jettent de la porte de leur logis des paroles de bienvenue cordiale. Le soir, le piqueur, en sabots et vêtu de sa peau de bique toute scintillante de rosée, vient sans façon vous confier ses espérances et prendre vos ordres dans la salle à manger, quand vous n'avez pas encore quitté la table, et vous remplissez de vin de Champagne un verre qu'il choque contre ceux de l'assistance avec une respectueuse familiarité. Plus tard, les *grogs,* de minute en minute plus incendiaires, se succèdent jusqu'à une heure assez avancée, et tant que cela dure, vous, fumeur, vous n'êtes pas exposé à ce que l'on vous donne à entendre que vous feriez bien peut-être d'aller sa-vourer votre *régalia* à la belle étoile, attendu que madame la marquise ou madame la comtesse aime mieux l'odeur du tabac en plein air que dans sa maison, toute tendue de soie ou de moquette. La nuit finie, pas de précautions à prendre pour vous lever en même temps que la diligente aurore. A votre droite et à votre gauche, au-dessous et au-dessus de vous, de la cave au grenier, il n'y a absolument que des chasseurs, l'œil déjà à moitié ouvert sans doute. Vous pouvez donc, sans le moindre scrupule, faire retentir le plancher bruyant de votre chambre sous la vigoureuse pression de vos bottes à double semelle, flamber votre carabine Devisme par la fenêtre avant de la charger, et même, pour peu que le cœur vous en dise, vous passer la fantaisie de parcourir les longs corridors, l'escalier et le vestibule, en sonnant des fanfares pour activer les retardataires. Si l'aspect du rendez-vous, que vous gagnez après un court, solide et joyeux déjeuner, manque de cette poésie gracieuse que la présence des femmes répand toujours sur les lieux où elles se rassemblent, il a sa couleur originale pour les amateurs sincères du pittoresque nettement accusé. Le pavillon Louis XV sur la pelouse, à la lisière des bois, est remplacé, à l'angle de quelque carrefour situé en *fin fond de forêt*, par un vieux chêne dont les hautes branches sont encore noyées dans la vapeur du matin. De là partent des routes, aussi voilées de brouillard, qui s'enfoncent sous de sombres futaies, et à l'extrémité de l'une

d'elles se montre parfois un valet de limier, que l'on
reconnaît d'abord à son chien blanc, qui le précède et
l'éclaire comme un point lumineux. Ici brille, au milieu d'épais nuages de fumée que le vent emporte, un
grand feu de broussailles petillantes, qu'entourent les
veneurs en proie à une impatience qui est déjà un plaisir; là l'équipage, agité par la fièvre de l'attente,
semble demander, en aspirant bruyamment la brise,
qu'on le mène au combat, et plus loin les chevaux,
attachés à une prudente distance les uns des autres,
rongent les menues branches du taillis en creusant le
sol du pied.

Avant de me mettre en voyage, je savais de bonne
source que toutes choses seraient à peu près ainsi dans
le lieu où je me rendais, et cette certitude était une
jouissance de plus pour moi, dont l'esprit devenu un
peu morose ne se serait pas arrangé volontiers d'une
réunion brillante, où il eût fallu payer de ma personne
en frais d'amabilité. J'avais, de plus, l'intime conviction que mon costume, qui tenait autant des habitudes de l'homme de lettres que de celles du veneur,
et mon cheval de louage, dont la selle et la bride ne
sortaient pas précisément des ateliers de Roduwart, ne
prêteraient pas à rire à mes futurs compagnons, et
j'avoue que j'avais la petite faiblesse de regarder
comme un avantage cette sécurité d'amour-propre.

J'arrivai à la nuit tombante, c'est-à-dire à l'heure
où l'on dîne en province au mois de novembre, et je
fus accueilli par toutes les démonstrations amicales et

turbulentes auxquelles je m'attendais. Les deux frères, qui me guettaient, debout sur le seuil de leur petit manoir à tourelles, poussèrent de grandes exclamations de joie en me voyant déboucher sur mon *locati*, et à ce signal il n'y eut pas, à l'instant même, une seule fenêtre dans la façade du château qui ne se garnit d'un visage joyeux orné d'une trompe, et ce fut au bruit d'une douzaine de fanfares que je mis pied à terre et que j'embrassai mes deux anciens amis.

La société réunie chez eux se composait de quinze vaillants disciples de Saint-Hubert, y compris les maîtres de la maison, et tous, à l'exception d'un seul qui était un invité de Paris, habitaient la contrée à cinq ou six lieues à la ronde. Je retrouvais donc là ces bonnes et franches figures de veneurs rustiques, comme j'en avais tant vu dans ma jeunesse, en Bourgogne et en Champagne, et ce souvenir me causa une de ces émotions dont la tristesse n'est pas sans douceur. Au bout d'une heure, tous ces braves gens étaient à leur aise avec moi et me traitaient comme si nous nous étions toujours connus. Il avait suffi pour cela de leur dire que j'aimais beaucoup la chasse autrefois, et que c'était encore mon occupation favorite, la plume à la main.

Pendant le dîner et la soirée qui suivit, fidèle à mes malheureuses habitudes d'observateur, je me mis à étudier mes nouveaux compagnons. Deux d'entre eux, le père et le fils, m'avaient particulièrement frappé par l'expression de leurs physionomies, leur langage

et leurs manières. Jamais le type du veneur campa-
gnard ne s'était montré à moi sous un aspect plus saisissant. Au premier coup d'œil jeté sur eux, il n'y
avait pas moyen de s'y tromper : ces deux hommes
ne pouvaient être que des chasseurs. Leurs jambes
étaient arquées par l'exercice du cheval, leurs lèvres
gonflées par l'usage de la trompe, leur voix enrouée
par l'habitude de crier après leurs chiens, et les veines de leur front saillantes comme elles le sont chez
toute personne qui vient de prendre part à une scène
émouvante. Pas une parole ne sortait de leur bouche
où il ne fût question d'un cheval, d'un chien, d'un
loup ou d'un sanglier. Quand la discussion s'animait,
le fils avait l'air d'aboyer et le père de hennir. De ma
vie, moi qui ai tant rencontré d'originaux de ce
genre, comme on sait, je n'avais rien vu encore de
semblable.

Mes hôtes me les avaient nommés en me les présen-
tant, et c'étaient, ma foi, des gens de très-bonne maison, jouissant d'une très-grande fortune, dont ils faisaient, sous beaucoup de rapports, le plus noble
usage.

Le père était un homme d'une cinquantaine d'années, parfaitement conservé pour son âge, sauf les
petites détériorations dont je viens de parler, et il
avait dû être assez beau dans sa jeunesse. Le fils était
de petite taille, exigu des pieds à la tête, ce qu'on
appelle vulgairement un *gringalet;* mais, quoiqu'il
eût de plus les cheveux d'un blond presque jaune

9

et les yeux d'un bleu très-pâle, son visage annonçait une organisation très-énergique.

J'ai la prétention, fondée, je crois, d'avoir eu dans ma jeunesse une grande et sincère passion pour la chasse, et j'ai prouvé depuis, ce me semble, que mon cœur n'est point devenu ingrat pour les jouissances qu'elle m'a données pendant vingt ans de ma vie. Eh bien ! mes deux enragés, malgré la part qu'ils avaient prise à l'aimable réception qui venait de m'être faite par mes amis et leurs hôtes, mes deux enragés — dis-je — m'interpellèrent assez vivement à diverses reprises pour me prouver que j'étais un faux frère, une espèce de déserteur de la sainte cause de la véne-rie. A les entendre, je n'aurais jamais dû renoncer à la pratique pour me consacrer à la défense de stériles théories, et toutes les excellentes raisons que je leur donnais pour leur démontrer qu'il m'avait été impos-sible de faire autrement, ne les persuadaient pas. — *Quand on n'est plus assez riche pour avoir un équipage à soi* — hurlait le père comme un chien qui va lancer, — *on va s'établir chez un ami, et on chasse avec sa meute,* — *on entre dans la vénerie de quelque souve-rain* — reprenait le fils d'une voix perçante comme s'il relevait un défaut. Et tous deux, toujours amica-lement, me gourmandaient à l'envi l'un de l'autre, ne voulant pas absolument convenir avec moi que c'était encore, faute de mieux, rendre service au culte de saint Hubert que d'écrire des histoires capables d'en inspirer le goût à la jeunesse. Selon eux, les écrivains cynégétiques étaient tout aussi inutiles au soutien de la vénerie, que les grands orateurs au maintien de l'ordre dans un État. Ce fut par ce dernier trait, qui ne laissait pas que d'être assez piquant au mois de novembre 1851, que le père termina notre discussion, laquelle, d'ailleurs, n'avait pas un instant cessé d'être courtoise de part et d'autre, bien qu'un peu vive par moments.

J'ai dit qu'il se trouvait au nombre des quinze personnes rassemblées chez mes amis, un sportman des environs de Paris. Il paraissait particulièrement lié avec ce père et ce fils si intolérants, et j'avais appris dans la conversation que c'était à eux qu'il devait l'avantage de faire partie de notre réunion. Durant notre petite querelle, il s'était rangé plusieurs fois de mon opinion avec beaucoup de chaleur et d'esprit. Cela nous mit tout naturellement dans une disposition de confiance réciproque, et je me promis de profiter de la première occasion qui se présenterait, pour le questionner à fond sur les deux originaux qui prétendaient me contester ma qualité de veneur croyant et toujours bon à quelque chose, malgré ma retraite prématurée de la scène.

Le lendemain soir, en revenant d'une chasse où nous avions forcé, de neuf heures du matin à cinq heures de l'après-midi, trois louvards grands comme père et mère, je me trouvai un peu en arrière de la compagnie avec le veneur parisien, dont le cheval s'était déferré.

C'était l'occasion que je cherchais.

— Vous avez, — lui dis-je, — des amis qui sont sans contredit les plus drôles de gens qu'on puisse imaginer, et, pour ma part, je suis ravi de les avoir rencontrés ici.

— Que diriez-vous donc si, comme moi, vous passiez tous les automnes avec eux depuis dix ans? — me répondit-il; — j'ai servi autrefois dans les gardes-du-corps avec le père, et nos deux familles sont liées depuis plus d'un siècle. C'est pour cela que j'ai continué à beaucoup les voir, quoiqu'il n'y ait aucun rapport de goûts et d'habitudes entre nous... C'est chez eux qu'il faut les étudier pour se rendre vraiment compte de ce qu'ils sont.

— Mettez-moi donc un peu au fait de leur intérieur, — repris-je; — de pareilles figures feraient à merveille dans ma galerie de portraits cynégétiques.

— Il y a des choses qu'il est impossible de croire quand on les entend raconter. Mon récit vous laisserait nécessairement des doutes, et le vôtre s'en ressentirait.

— C'est une défaite.

— Non, je vous jure..... Au surplus, mon cher marquis, peu importe pour vous, car je sais que le comte a l'intention de vous engager à venir passer quarante-huit heures chez lui en vous en retournant chez vous. Il a dans ses bois un grand sanglier qu'il tient absolument à vous faire chasser.

— Quoi! un déserteur! un faux frère! — m'écriai-je en riant.

— Oh! il est bien revenu sur votre compte depuis qu'il vous a vu à l'œuvre aujourd'hui, et c'est après ce long débucher de notre second louvard, durant lequel vous vous êtes si vaillamment conduit, qu'il m'a confié son désir de vous avoir pour hôte à son tour.

— J'accepterai certainement son invitation... Vous dites donc que ce que je sais déjà d'eux n'est rien en comparaison de ce que je dois voir?

— Vous ne pouvez même vous faire aucune idée du spectacle qui vous attend, et je vous promets d'avance que vous ne regretterez ni le petit détour de quelques lieues qu'il vous faudra faire, ni le temps que vous emploierez à cette excursion. Le château de Saint-Aubin est une rareté dans son genre, et l'étude de la vie qu'on y mène sera une bonne fortune pour vous.

Le soir même, j'eus la preuve que j'avais singulièrement gagné dans l'estime du père et du fils. Le premier me fit son invitation dans les termes les plus aimables, et le second eut la bonté de me dire qu'il achèterait mes œuvres cynégétiques, pour les lire quand le temps serait trop affreux pour aller à la chasse.

Le jour suivant, nous prîmes un chevreuil. Mon *locati*, déjà sur les dents, me refusa complétement le service avant la fin de la matinée, et comme je continuai à suivre résolûment à pied jusqu'à l'hallali, je fus définitivement bien noté dans la considération du châtelain de Saint-Aubin et dans celle de son fils.

Ils nous quittèrent au retour de cette seconde chasse.

après m'avoir fait promettre et même jurer que je les rejoindrais chez eux le surlendemain.

Ils me donnèrent toutes les indications nécessaires sur les routes de traverse qui conduisaient à leur manoir. situé au milieu des bois, et ils me prévinrent qu'on dînait à quatre heures.

J'ai oublié de dire que le comte de M... — c'est l'initiale du nom de mon nouvel ami — était veuf. Sa famille se composait du fils dont j'ai parlé, d'une fille de seize ans et d'un vieil oncle célibataire, avec lequel il avait toujours vécu. Dans la conversation, on n'appelait jamais cet oncle que le chevalier.

— Ce sont de *véritables patriarches de vénerie* — m'avait dit en prenant congé de moi le sportman parisien. que je devais retrouver au château de Saint-Aubin.

III

LES PATRIARCHES DE VÉNERIE

— Suite —

Il me serait impossible de dire comment la chose s'est passée chaque fois qu'elle m'est *advenue*, mais c'est un fait certain que je n'ai presque jamais voyagé à cheval dans un pays où je venais pour la première fois, sans me mettre plus ou moins en retard pour m'être détourné beaucoup ou un peu de ma route. Mon père était de même, et mon fils est exactement comme lui et moi. C'est donc comme une espèce d'infirmité morale qui serait devenue héréditaire dans notre famille. *Toute race a son vice de conformation visible ou caché,* dit le docteur Johnson. A la chasse, lorsque

mes sens sont surexcités et mon attention tenue en
éveil par la voix des chiens, les sons des trompes et
l'impérieuse nécessité de ne pas perdre de vue les divers incidents du drame, sous peine d'arriver après le
dénouement, je m'oriente assez bien et même je suis
doué d'un certain talent pour deviner la configuration
d'une contrée qui m'a été jusqu'alors complétement
inconnue. Sur une route et seul, c'est tout différent :
l'instinct même m'abandonne. De la distraction, qui
est mon état assez habituel, je passe très-vite à la rê-
verie, et une fois que celle-ci, avec ses enchantements
tristes ou gais, ses songes d'or ou de plomb, a pris
possession des facultés de mon cerveau, elle règne et
gouverne, ce que M. Thiers ne voulait à aucun prix
permettre au pauvre bon roi Louis-Philippe, de peur
de mettre en péril la monarchie de juillet.

Ce petit préambule, qui n'a pas l'air, j'en conviens,
de se rattacher à mon sujet, est tout simplement une
manière adroite d'avertir mes lecteurs qu'ils ne doivent pas s'étonner si, après leur avoir appris, dans
mon *avant* avant-dernier article, que je me suis égaré
en me rendant chez Rimbaud, le baron du xvᵉ siècle,
j'ai encore à leur apprendre que j'ai commis la même
maladresse en allant chez le comte de M..., à qui j'a-
vais promis une visite, ainsi que je l'ai dit.

La nuit vient de bonne heure au commencement de
novembre, et elle est rarement assez claire pour vous
aider à vous conduire, quand vous ne savez pas d'a-
vance le point juste où vous devez tourner à droite ou

à gauche pour changer de direction. Un peu avant quatre heures, des paysans m'avaient montré de loin la tour de Saint-Aubin — c'est ainsi qu'ils appelaient le château du comte. — Elle s'élevait au-dessus de grandes masses boisées, et comme au moment où je l'aperçus elle était très-vivement éclairée par les rayons obliques du soleil à son déclin, elle ne me parut pas éloignée de plus d'une lieue du point où je me trouvais alors. Le chemin fréquenté que je suivais semblait y conduire tout droit, ainsi sans me presser je devais y être rendu après un retard insignifiant sur l'heure qui m'avait été indiquée comme étant celle du dîner.

Cependant l'angelus avait sonné depuis longtemps déjà à l'horloge d'un village quelconque, que je trottinais toujours à travers les bois sans qu'aucun indice m'annonçât le voisinage d'un lieu habité.

Et plus personne là pour me remettre dans mon chemin, que j'avais bien évidemment encore une fois perdu, suivant mon invariable habitude.

Il y avait quelques étoiles dans le ciel, mais pas la plus faible clarté sur la terre.

De temps en temps je prêtais l'oreille en me disant que dans la maison d'un chasseur tel que M. le comte de M... il devait être d'usage de faire sonner des fanfares après la nuit close quand on attendait un hôte qui ne connaissait pas encore le pays.

Après avoir répété cette manœuvre cinq ou six fois, tantôt en marchant et tantôt en arrêtant mon *locati*

9.

pour mieux écouter, il me sembla entendre au milieu des murmures du vent d'ouest qui soufflait avec assez de violence, des appels de trompe et des aboiements de chiens.

Lorsque je fus bien certain que je ne m'étais pas trompé, je mis mon cheval au galop dans la direction d'où les sons venaient, et ayant atteint le sommet d'une côte, j'aperçus au-dessous de moi quatre lumières placées exactement les unes au-dessus des autres, à une distance de vingt pieds environ.

Je ne doutai pas que ce ne fût le château de Saint-Aubin, seulement je le trouvais éclairé d'une bien singulière manière.

Je galopai encore durant une dizaine de minutes; et alors le mystère des quatre lumières me fut expliqué. J'étais au pied d'une gigantesque tour carrée ayant quatre étages, et une fenêtre seulement à chacun d'eux, à en juger du moins par la façade que je pouvais voir. A droite et à gauche de cet édifice, il y avait des constructions plus basses de diverses formes, qui me parurent être des communs.

Il faisait trop noir pour perdre mon temps à chercher une porte, de sorte qu'après avoir retenu un moment mon souffle pour renforcer ma voix, je me mis à appeler de toute la vigueur de mes poumons.

L'écho avait à peine fini de répéter mes cris, que la fenêtre de l'étage inférieur s'ouvrait, et que j'y voyais apparaître la tête du comte de M., celle de son fils, et un peu en arrière le visage du veneur parisien.

— Ma foi ! nous allions nous coucher ! — me cria le comte — soyez le bienvenu. On va ouvrir et prendre votre cheval. Nous avons sonné à plusieurs reprises pour vous guider.

Moins d'une minute après, une porte que je n'avais pas vue s'ouvrit en face de moi au niveau du sol, et cinq ou six personnes sortirent de la tour. L'une d'elles, qui me parut être un domestique d'écurie, s'empara de ma monture, et les autres m'engagèrent poliment à entrer. Dans le nombre, il y avait un robuste gaillard, que je reconnus, à sa casquette ornée d'un galon mi-partie or et argent, à sa peau de bique doublée de drap écarlate et à ses bottes à l'écuyère, pour être un piqueur.

Le comte, son fils et leur ami débouchaient en ce moment du côté opposé à celui par lequel j'arrivais, et tous les trois me firent le plus aimable accueil, en demandant ce qui m'avait mis ainsi en retard.

La pièce dans laquelle nous nous trouvions était une immense salle voûtée d'un aspect vraiment imposant par sa dimension et la teinte sombre de ses hautes murailles enfumées. Une cheminée colossale occupait le centre de l'une de ses extrémités, et sous son vaste manteau se tenaient, debout ou assis sur des bancs de pierre, des groupes d'hommes et de femmes qui avaient l'air des gens de la maison. Le devant du foyer était entouré de marmites, de chaudrons, et de pots de toutes les tailles. Dans un coin un peu à l'écart, mais assez près cependant de la cheminée pour

que la chaleur du feu se fît sentir jusque là sans
excès, il y avait un grand panier rond et plat dont le
fond était garni d'étoupes, et sur ce lit moelleux reposait, le ventre en l'air et les jambes de derrière écar-
tées, une superbe lice qui contemplait avec amour une
grappe de petits chiens suspendus à ses mamelles.

Au milieu de cette pièce, qui était la cuisine de la
tour de Saint-Aubin, s'étalait une longue table de bois
de chêne, autour de laquelle huit ou dix vieillards des
deux sexes, qui me semblèrent plutôt des indigents
que des serviteurs, achevaient de vider une énorme
gamelle de soupe placée devant eux.

Des chiens de toutes les espèces, braques, épa-
gneuls, bassets, griffons et lévriers, erraient çà et là,
mais principalement aux alentours du foyer et de la
table, et je remarquai que partout on se rangeait pour
leur faire place.

— Maintenant — me dit le comte — je vais vous
présenter à ma fille, puis on vous servira votre dîner,
et ensuite vous nous permettrez bien d'aller nous coucher ; car, sans reproche, vous êtes cause que nous
sommes un peu sortis de nos habitudes pour vous attendre... Mon oncle, le chevalier, s'est déjà retiré,
mais vous le verrez demain de grand matin.

Je jetai machinalement les yeux sur une horloge
qui se dressait en face de moi dans sa gaîne de noyer
verni, et je vis qu'il n'était pas tout à fait sept heures.

Éclairés par le jeune Robert de M., qui nous précé-
dait, nous montâmes un escalier en colimaçon, et

quand nous fûmes arrivés au premier étage, le comte, passant devant moi, dit d'une voix forte :

— Hélène, je te présente notre nouvel ami, le marquis de Foudras... Va donner des ordres pour son dîner et reviens vite auprès de nous. '

La jeune châtelaine me salua avec une politesse remplie de dignité, et, après m'avoir adressé quelques paroles bienveillantes et modestes, elle disparut, suivie de sa gouvernante, en me laissant ébloui de sa grâce et de sa beauté.

Je ne sais quel genre d'impression mademoiselle Hélène eût produit sur moi si je l'avais rencontrée, vêtue de gaze et couronnée de roses, au milieu d'un bal de Paris, où d'autres jeunes filles l'auraient entourée; mais, dans cette vieille tour située au fond des bois, elle me fit l'effet d'une de ces apparitions enchanteresses que les poëtes et les romanciers créent pour leurs œuvres de prédilection. Tout ce qui constitue l'élégance et la suavité féminines, dans ce qu'elles ont de plus délicat et de plus exquis, se trouvait rassemblé en elle. Elle réunissait la perfection idéale des traits au charme de l'expression; l'éclat du teint à la douceur et à la majesté du regard. Comme son frère, elle avait les cheveux blonds et les yeux bleus, mais la nuance cendrée des premiers et la couleur foncée des seconds faisaient admirer chez elle ce qui semblait défectueux chez le jeune Robert. Quoiqu'elle fût plus petite que grande, elle paraissait d'une taille au-dessus de la moyenne, tant il y avait d'harmonie dans toute sa gracieuse personne. Si peu que je l'eusse vue encore, j'avais eu le temps de remarquer que sa main était effilée et blanche, et son pied mignon et cambré.

Lorsqu'elle rentra dans le salon, je cherchai dans mon imagination à quoi je pourrais la comparer sans lui faire injure, et à l'instant même l'image de la ravissante Diana Vernon, du beau roman de *Rob-Roy*, se présenta à mon souvenir.

Par la dimension et la hauteur, le salon de Saint-Aubin était exactement semblable à la cuisine, et j'ajouterai qu'il ne me parut pas beaucoup plus élégant. Il avait aussi sa large, haute et profonde cheminée, sous le manteau de laquelle une douzaine de personnes eussent pu se tenir aisément debout. Les murailles étaient couvertes de vieilles tapisseries à sujets historiques à demi effacés, et les acteurs des scènes qu'elles représentaient avaient tous l'air d'ombres désolées, tant ils étaient pâles et défaits. Bien qu'il y eût deux grosses lampes astrales posées sur une table à ouvrage placée dans un des renfoncements de la cheminée, et quelques *chandelles* disséminées çà et là sur des guéridons grossiers et des vieux bahuts de diverses formes, plusieurs parties du salon étaient plongées dans une obscurité presque complète. De l'autre côté de la cheminée, faisant pendant à la table à ouvrage, régnait un long divan recouvert d'une toile à matelas à carreaux rouges et blancs. Vous croyez peut-être, mes chers lecteurs, que ce meuble était destiné à reposer les membres fatigués des maîtres de la maison ou de leurs hôtes au retour de la chasse ? Détrompez-vous : il servait en ce moment à un tout autre usage. Trois jeunes chiens ayant la maladie l'occupaient, et c'était la belle Hélène, assistée de sa gouvernante, qui remplissait les fonctions d'infirmière et de médecin auprès de ces pauvres bêtes, qui, toutes les trois, grelottaient et geignaient sous des châles, des robes et d'autres vêtements appartenant à mademoiselle de M... Une tablette fixée au-dessus du divan supportait une petite pharmacie à l'usage de l'espèce canine. Rien n'y manquait, depuis le pot d'onguent populeum à panser les sétons, jusqu'à la pommade soufrée pour les affections de la peau; j'y remarquai aussi, sous divers calibres, deux ou trois de ces instruments que les Anglais ont en horreur et qui inspiraient un si grand effroi à M. de Pourceaugnac.

Mon dîner m'ayant été servi dans le salon, je ne fus pas obligé de quitter mes hôtes pendant cette première soirée, qui fut courte d'ailleurs, car, m'étant aperçu que le comte et son fils bâillaient à se démantibuler la mâchoire et faisaient les petits yeux comme des gens qui tombent de sommeil, je crus que je leur serais très-agréable en manifestant le désir de me retirer de bonne heure. Néanmoins, j'eus tout le temps nécessaire pour reconnaître que mademoiselle Hélène n'avait pas été plus maltraitée par dame Nature sous le rapport des qualités morales que sous celui des agréments extérieurs. On ne saurait rien imaginer de plus charmant que ses manières; elle était en tout d'une simplicité adorable, d'une rare obligeance, et aussi spirituelle que peut l'être une personne douée d'une grande intelligence, qui a peu lu, peu vu, et — ceci est plutôt un éloge qu'un blâme dans ma pensée — encore moins deviné. On comprend que la conversation ne pouvait être avec elle ni très-étendue ni très-variée ; mais elle savait lui donner un charme infini par sa façon gracieuse, originale et naïve de traiter le petit nombre de sujets auxquels il lui était permis de s'intéresser. Pendant que nous causions, elle, le veneur parisien et moi, et que son père et son frère dormaient à moitié sur des chaises, elle quitta à plusieurs reprises sa place pour s'en aller sur la pointe du pied administrer quelques drogues à *ses trois malades*, et s'assurer s'ils étaient suffisamment garantis du froid. Dans un de ces petits pèlerinages au divan, ayant cru remarquer que l'un des chiens était plus souffrant, elle le rapporta avec elle et le garda sur ses genoux jusqu'au moment où nous allâmes nous coucher.

Mon logis se trouvait au quatrième étage de la tour, qui était ainsi distribuée : au rez-de-chaussée, la cuisine ; au premier, le salon ; au second, la chambre du chevalier ; au troisième, celle du comte et de son fils ; tout en haut, le galetas des hôtes ; puis le toit en plate-forme servant de terrasse.

Mademoiselle Hélène et sa gouvernante habitaient, avec les femmes attachées à leur service, un petit pavillon moderne abrité derrière la vieille tour.

Six grands lits à colonnes, la tête appuyée contre la

muraille, et séparés les uns des autres par un fauteuil, une table de toilette et un bahut, garnissaient la pièce dans laquelle le comte m'avait conduit ; et, grâce à ses proportions peu communes, cet encombrement de meubles ne la faisait pas trop ressembler à un grenier. J'y avais pour compagnon, à mon extrême contentement, mon ami le veneur parisien.

— Eh bien ! me dit-il aussitôt que nous fûmes seuls, vous devez trouver que la cage est parfaitement en harmonie avec le ramage et les habitudes des oiseaux qui y demeurent.

Je répondis affirmativement, en faisant toutefois une réserve énergique en faveur de la belle et gracieuse Hélène, qui, selon moi, eût été digne de commander en souveraine dans le plus somptueux palais du monde.

— Je suis encore plus de votre avis que vous-même, puisque je la connais depuis plus longtemps que vous, qui la voyez pour la première fois, reprit mon compagnon. Mais, poursuivit-il, ne lui souhaitons, ni vous ni moi, une autre destinée, car je doute qu'il y en ait sur la terre une plus heureuse que la sienne... Elle est — et ils sont tous d'ailleurs—la providence visible de ce pauvre pays peuplé de bûcherons, de charbonniers, de sabotiers et de fendeurs, tous plus misérables les uns que les autres. Vous avez vu hors de chez eux le père et le fils ; et, en découvrant par leur langage et leurs façons presque grossières qu'ils étaient chasseurs passionnés au delà de toute mesure, vous vous serez dit peut-être qu'il devait y avoir autant de dureté dans leurs cœurs que de rudesse dans leurs manières. Rien ne serait plus faux que ce jugement, mon cher marquis. Cette vieille tour, qu'on pourrait prendre au premier abord pour un repaire où quelque hobereau de nos jours s'amuse à singer le farouche seigneur du moyen âge, cette vieille tour est l'asile de toutes les plus touchantes vertus. La chasse n'est que l'innocente distraction de cette famille dont l'occupation sérieuse est la bienfaisance. Vous passeriez ici une année entière, qu'il ne vous arriverait pas une seule fois de traverser la cuisine, qui est l'unique chemin pour sortir de la tour, sans y trouver des indigents à table et des convalescents autour du foyer. Cet étourdi de Robert, qui ne semble s'intéresser qu'à ses chiens et à ses chevaux, connaît par leur nom tous les malheureux à cinq lieues à la ronde. Mademoiselle Hélène a tout à côté du corps de logis qu'elle habite, une chambrée de vieilles femmes infirmes et une école de petites filles qu'elle dirige elle-même.. Et voilà cent ans que cela dure de père en fils et d'oncle en neveu, c'est-à-dire la vie de quatre générations! Demain, vous verrez le chevalier. Quel type encore que celui-là! Il ne peut plus guère monter à cheval, si ce n'est pour suivre de temps en temps une chasse au lièvre; mais il a encore assez de force pour faire tous les jours des tournées à pied de deux ou trois lieues, pendant lesquelles il visite des malades et console des affligés.

Ici, j'adressai quelq   questions à mon interlocuteur, et voici ce que j'appris comme complément à ce que je savais déjà.

Le comte de M... et son oncle le chevalier possédaient entre eux une fortune de cent vingt à cent trente mille livres de rentes. Ils aimaient la chasse par tradition de famille, et le bien qu'ils faisaient avait la même origine. Je n'ose pas répéter ce qu'ils consacraient de leur revenu en charités, de peur de trouver des incrédules; mais je me hasarderai à dire que dans les trois ou quatre villages sur lesquels s'étendaient leurs propriétés, personne n'avait jamais ni faim ni froid, si ce n'est à leur insu. Ces braves gens, si inhabiles à soutenir pendant dix minutes la conversation la plus terre à terre dans un salon, savaient trouver, mieux que des lettrés éloquents, le cri de l'âme qui encourage, ou le mot du cœur qui console. Ils ne comprenaient pas les jouissances du luxe, parce qu'ils avaient été élevés à ne tenir compte que des joies mystérieuses de la bienfaisance. Un mot du vieux comte défunt, frère aîné du chevalier, les peint tous. On lui conseillait un jour d'abattre la vieille tour de Saint-Aubin, pour élever à la place un château moderne : — *Je m'en garderai bien*, répondit-il : *on ne voudrait pas m'y faire une cheminée assez grande pour réchauffer tous mes fiévreux.*

— Mais, ajouta mon compagnon, après avoir cité ce trait comme le bouquet de son long récit, vous les verrez à l'œuvre, et alors tout ce que je vous ai raconté vous semblera bien au-dessous de la vérité. Attendez-vous à rencontrer quelquefois le grotesque à côté du sublime dans leur vie : il faut bien payer de quelque manière son tribu à l'humanité, et la vertu ne garantit pas toujours du ridicule.

— Excepté la belle Hélène, dis-je vivement.

— Vous en jugerez... Mais il est tard, et si, dans cette maison, on vous force parfois à vous coucher avec le soleil, il arrive plus souvent encore qu'on vous éveille avant qu'il soit levé.

IV

J'ignore si ce fut l'influence de l'atmosphère de cette maison, où tout le monde semblait si disposé au sommeil bien avant la fin de la soirée, mais, contre mon habitude, à peine dans mon lit, je m'endormis profondément.

La veille, — je parle de la sorte, parce qu'il était plus de minuit quand nous cessâmes de causer, mon compagnon et moi, — On m'avait prévenu qu'on déjeunerait à sept heures, et que le départ pour la chasse aurait lieu à huit. Je pouvais donc compter sur une nuit ordinaire de repos et attendre patiemment, pour me lever, que les premières lueurs du matin arrivassent jusqu'à moi par les hautes fenêtres à petits carreaux en losanges qui éclairaient notre galetas.

Aussi, grande fut ma surprise, quand, à la place du rayon de lumière que j'attendais pour ouvrir les yeux, je fus éveillé par la clarté fumeuse d'une chandelle tenue à quelques pieds seulement de mon visage à moitié enfoui sous mes couvertures.

Lorsque ma vue eut repris à peu près sa netteté ordinaire, j'aperçus derrière le disque lumineux et nébuleux formé par la flamme de la chandelle, un petit vieillard à la physionomie joviale et caressante, qui me dit en s'asseyant sans façon sur le pied de mon lit :

— Monsieur le marquis, je suis le chevalier de Saint-Aubin, et je viens vous faire ma visite de bonne heure pour me dédommager de ne pas m'être trouvé hier soir à votre débotté.

Pendant ce petit discours, je m'étais mis sur mon séant, et d'une voix un peu empâtée, je remerciai le chevalier de s'être levé d'aussi grand matin pour aller au-devant de mon vif désir de lui être présenté le plus tôt possible.

— Oh ! il y a déjà longtemps que je suis debout, reprit-il en posant sa lumière sur le carreau de la chambre pour se frotter vivement les mains comme un homme qui vient de s'exposer à l'air frais du matin, j'ai assisté au déjeuner du piqueur et des deux gardes qui sont partis pour faire le bois, poursuivit-il ; je suis allé ensuite au chenil et à l'écurie, et me voilà... Vous aurez aujourd'hui une matinée à souhait, et si la Trace remet notre grand sanglier, vous ne regretterez pas votre course à la vieille tour de Saint-Aubin.

— Nous ferions buisson creux, monsieur le chevalier, répliquai-je, que je me féliciterais toute ma vie d'avoir accepté la gracieuse invitation de monsieur votre neveu. C'est une chose si rare dans le temps où nous sommes, qu'une hospitalité comme celle que l'on reçoit ici.

Je vis tout de suite, à la satisfaction naïve qui se peignit sur la physionomie bienveillante du vieillard, que j'avais gagné son cœur, et j'en éprouvai un véritable plaisir.

— Comme ça dort, ces Parisiens ! me dit-il en me montrant le lit où mon compagnon ronflait comme un bienheureux. Voilà dix ans que celui-ci passe chaque automne deux mois avec nous, et il n'a pas encore pu prendre les habitudes de la maison. Il mourra dans l'impénitence finale de la paresse.

— Serait-il tard ? m'écriai-je en tournant brusquement mes regards vers une des fenêtres.

— Pas tout à fait encore cinq heures... Ici, le soleil nous réveille quelquefois le soir pendant l'été, mais jamais le matin en aucune saison. J'ai pensé qu'en votre qualité de chasseur de l'ancienne roche, vous deviez avoir adopté un genre de vie à peu près semblable au nôtre.

J'eus la faiblesse de ne pas détromper le digne che-

valier, afin de le fortifier dans la bonne opinion qu'il
paraissait avoir de moi.

— Serez-vous de notre chasse d'aujourd'hui ? lui demandai-je.

— Je vous rencontrerai probablement dans la matinée, mais je ne vous suivrai pas, parce que je ne monte
plus guère à cheval pour de longues courses; cela me
fatigue; et puis il y a tant de choses à faire pour administrer cette grande terre de Saint-Aubin, où il n'y
a que nous de riches au milieu d'une population de
pauvres, parmi lesquels il se trouve depuis quelques
mois beaucoup de mécontents qu'il faut calmer par de
bonnes paroles... Mais je vous quitte, et je vais vous
attendre à la cuisine, où nous nous tenons toujours le
matin.

Il reprit son bougeoir par terre, me tendit sa main
décharnée, mais robuste encore, et se retira après
avoir allumé ma chandelle à la sienne.

En passant près du lit de mon compagnon qui ronflait toujours, il se pencha sur lui en riant aux éclats,
et il lui cria par deux fois dans l'oreille d'une voix retentissante : *Tayaut ! tayaut !*

Malgré la bonne opinion que le chevalier avait con-
çue de moi, je n'aime pas plus qu'un autre à être ré-
veillé avant mon heure; mais, dans cette circonstance,
je ne regrettai pas les quelques instants de sommeil
que j'avais perdus, car la visite de ce charmant vieillard me laissait les plus agréables souvenirs. Jamais,
depuis que je courais le monde, étudiant les hommes,

visage plus sympathique ne s'était offert à ma vue.
L'expression de son regard, le son de sa voix, le jeu des
muscles de sa face, tout en lui, jusqu'à ses rides, annonçait la bonté, la grâce et cette sérénité inaltérable
qui est comme le reflet de l'excellence du cœur. A l'exception de ses quelques paroles sur les pauvres du
pays, il ne m'avait dit que des choses assez vulgaires,
et cependant je m'étais senti à plusieurs reprises ému
pendant qu'il me parlait. Si son extérieur, un peu
exigu comme celui de son petit-neveu Robert, manquait de cette distinction qui caractérise en général les
descendants des races aristocratiques, il y avait dans
toute sa personne comme un parfum de loyauté et de
candeur qui commandait le respect et inspirait l'affection. Rien qu'à le voir, on devinait que toute sa longue
vie avait dû être honnête et utile, et que c'était la paix
de sa conscience qui lui permettait de se coucher de
bonne heure, et l'activité de sa bienfaisance qui le ré-
veillait de grand matin.

Je faisais toutes ces réflexions en m'habillant avec
la lenteur d'un homme qui pense en agissant. A six
heures seulement j'étais prêt, et comme je ne voulais
pas descendre seul, j'allai secouer vigoureusement par
le bras mon compagnon de chambre, qui n'avait rien
entendu, pas même les deux formidables *Tayaut!*
tayaut! de mon visiteur matinal.

— Déjà debout! me dit-il en détirant ses bras en-
gourdis. Ah! je comprends! Le chevalier sera venu
vous voir... Ce diable d'homme n'en fait jamais d'au-

tres avec ses nouveaux hôtes, et même quelquefois avec les anciens, tant qu'il n'a pas perdu l'espoir de les corriger de ce qu'il appelle leur paresse.

Et il sauta allègrement hors de son grand lit pour se préparer à me suivre.

Vingt minutes après environ, sans avoir rencontré âme qui vive sur l'escalier à quatre étages qui conduisait au rez-de-chaussée de la tour, nous arrivions ensemble à la cuisine.

Comme la veille au soir, elle était splendidement éclairée par un feu réjouissant qui réchauffait rien qu'à le voir de loin, et déjà il s'y trouvait nombreuse compagnie de maîtres, de serviteurs et de commensaux, dispersés en différentes places.

Le chevalier de Saint-Aubin, le comte de M...., son fils Robert, la gracieuse Hélène et sa gouvernante étaient groupés à droite, sous le haut et profond manteau de la cheminée, ayant auprès d'eux le panier rond contenant la lice et ses petits chiens qui tétaient avec un acharnement sans pareil.

De l'autre côté se tenaient les mêmes bonnes gens âgés et souffreteux que j'avais remarqués le soir précédent en traversant la cuisine.

La longue table du milieu était garnie d'une double rangée de convives qui me parurent être des domestiques, des journaliers, et peut-être deux ou trois passants pauvres que l'on avait hébergés pour la nuit, et que l'on mettait en état de continuer leur route en les réconfortant par un bon repas du matin.

Un peu à l'écart, on voyait une autre table plus petite, sur laquelle était dressé un couvert où la porcelaine, le cristal et l'argenterie brillaient sur une nappe blanche et fine. Quelques pièces froides, qui nous étaient évidemment destinées, avaient déjà pris place entre les verres, les bouteilles et les carafes.

Inutile de dire que l'accueil que l'on me fit dans ce lieu, où les habitudes patriarcales de mes hôtes se révélaient plus que partout ailleurs, fut plus amical que cérémonieux. On m'adressa peu de phrases de pure politesse, mais l'on me donna force grosses poignées de main, et l'on me répéta sur tous les tons, avec la conviction visible qu'il n'y avait pas de meilleur moyen de m'être agréable, que notre chasse serait favorisée par un temps magnifique. Il n'y avait pas de vent, et le brouillard de la nuit commençait à se dissiper.

Nous restâmes une demi-heure sous la cheminée à causer, tout en regardant cuire à nos pieds les côtelettes et les grillades de sanglier qui nous étaient destinées. De temps en temps la porte donnant sur le dehors s'ouvrait, et chaque fois le chevalier quittait sa place pour aller à la rencontre de celui qui entrait. Si c'était un vieillard, homme ou femme, il l'amenait auprès du foyer où on lui apportait à manger ; si c'était quelqu'un de robuste, le bon châtelain se bornait à dire aux gens réunis autour de la table : — *Serrez-vous, mes enfants, pour faire encore une place.* — Puis il revenait près de nous, avec son doux sourire sur les lèvres et son aimable gaieté dans le regard.

Au premier coup de sept heures, nous quittâmes la cheminée pour passer à table, où j'eus l'honneur d'être placé à côté de mademoiselle Hélène. Ce fut pour moi une nouvelle occasion d'admirer tout ce qu'il y avait de charmant, de délicat et d'élevé en elle. Notre conversation de chasseurs prêts à monter à cheval, et par conséquent tout à leur affaire, ne pouvait pas l'intéresser beaucoup, et cependant elle trouvait toujours le moyen d'y prendre part avec un entrain qui annonçait que ce n'était pas seulement pour nous être agréable qu'elle agissait ainsi. Elle connaissait les noms de tous les cantons de bois que nous allions parcourir; elle m'indiquait la configuration de certains carrefours et la forme de certains vieux arbres dont je pourrais me servir pour m'orienter au besoin; et quand je m'étonnais de la voir si savante sur des sujets peu attrayants pour elle, puisqu'elle ne chassait jamais, elle me répondait sans aucune intention de malice : — *J'ai si souvent entendu parler de tout cela.*

Comme le moment du départ n'était pas encore arrivé quand nous eûmes fini de déjeuner, nous retournâmes près de la cheminée pour fumer un cigare en attendant nos chevaux.

— A propos, dit le comte en s'adressant à sa fille, comment va Nicanor, ce matin?

— Il s'est plaint, et il a tremblé toute la nuit, mon bon père, répondit-elle, bien que je l'aie couvert avec mon édredon... **Je le crois très-malade.**

— Fais-le chercher, ma mignonne, reprit le comte, je ne veux pas partir sans le voir.

Sur un signe de mademoiselle Hélène, une jeune fille brunette et rondelette, en costume de paysanne assez élégant, quitta la cuisine, et peu d'instants après nous la vîmes revenir portant dans ses bras le *malade* enveloppé dans une pelisse de satin noir, doublée de taffetas rose et bordée de fourrure.

Nous entourâmes aussitôt le chien qu'on avait placé sur une chaise auprès du feu, et chacun donna son avis sur son état, qui était en effet très-grave.

Si j'étais en présence de mon auditoire au lieu de causer avec lui la plume à la main, je m'interromprais ici un moment pour le prier de me pardonner d'avance les détails dans lesquels je vais être obligé d'entrer. N'ayant pas la possibilité de m'excuser ou d'obtenir de lui la permission de continuer, je suppose qu'il sera rempli d'indulgence pour moi, et je passe outre.

Ce qui faisait surtout souffrir le malheureux Nicanor et mettait ses jours précieux en danger, c'est qu'il avait pris depuis l'avant-veille deux ou trois purgations violentes qui, n'ayant pas produit l'effet qu'on attend ordinairement de cette sorte de moyen, causaient d'affreux ravages dans ses entrailles.

Il n'y avait qu'un parti à prendre pour le soulager et toute l'assistance se trouva d'accord pour l'indiquer en termes plus ou moins délicats.

— Tu entends, Hélène ? dit le comte. Allons, que cela

10.

soit fait tout de suite : il n'y a pas une minute à perdre.

La petite brunette disparut, et quand elle rentra, elle avait les yeux baissés et elle cachait un objet quelconque sous son tablier de calicot bleu.

Il en est bien peu parmi vous, mes chers lecteurs, qui n'aient lu une des plus amusantes scènes des immortels Mémoires de l'intrépide frondeur Saint-Simon. C'est celle où cet inimitable dénicheur de secrets nous raconte à quel procédé avait recours la charmante duchesse de Bourgogne pour raviver la fraîcheur de son teint, les jours où elle devait aller au bal.

Vous vous rappelez alors le grand roi assis devant sa petite table ; madame de Maintenon, dans un fauteuil à son côté, cherchant à détourner son attention ; la jeune princesse accoudée sur un paravent à hauteur d'appui, et la vieille Nanon, passant derrière elle, cachant aussi quelque chose sous son tablier.

Vous entendez ensuite rire aux éclats la future dauphine, et vous voyez l'imposante figure du grave monarque se dérider comme celle d'un simple mortel quand il apprend ce qui met ainsi en joie la femme du plus aimé de ses petits-fils.

Changez le cadre et les personnages du tableau, et vous pourrez vous représenter, sans que je vous en dise davantage, la scène qui se passa à quatre pas de moi

Ce fut la belle et poétique Hélène qui remplit l'office charitable de la vieille Nanon, et les jupes étalées de la gouvernante et de la brunette, qui tinrent lieu de paravent.

Quand mademoiselle de M... revint près de nous, je remarquai que son gracieux visage n'exprimait aucun embarras, et que son ton n'était pas moins naturel que de coutume lorsqu'elle nous adressa la parole pour nous faire ses adieux, car on venait de nous apprendre que nos chevaux étaient prêts.

La meute du comte de M..., que je ne connaissais pas encore, me parut être organisée sur le même système de simplicité rustique qui avait présidé à l'arrangement de sa vie suivant les traditions de sa famille. Elle se composait d'une quarantaine de chiens de tous les poils et de toutes les races, évidemment choisis bien plus pour leurs mérites sérieux que pour leurs qualités extérieures. Je reconnus là des vendéens à poil dur, des saintongeois aux longues oreilles, des briquets d'Artois à la patte fine, des hurleurs normands à l'élégant corsage, et cinq ou six indigènes sans type caractérisé, mais ayant cet air rageur et cette vivacité dans les mouvements qui sont toujours d'un favorable augure. Cette phalange bigarrée marchait derrière un valet de chiens qui n'avait de la tenue du piqueur qu'un large chapeau en cuir verni dont la forme était entourée d'un petit galon d'argent. C'était tout bonnement un jeune gars du village de Saint-Aubin que l'on avait dressé à assister le chef de l'équipage la Trace. Il montait hardiment, mais sans aucune science, une grande diablesse de jument percheronne, dont le poi-

trail robuste et les larges flancs étaient ornés de certaines cicatrices qui indiquaient de la façon la plus
claire que le vaillant animal allait au labourage pendant la morte saison de la chasse. Deux petits paysans
bien découplés suivaient, le fouet à la main, la meute,
assez mal disciplinée, je dois en convenir. Eh bien !
tout cela, de même que la tour et ses habitants mâles,
n'offrait rien qui fût commun ou seulement grotesque.

On devinait la vigueur et l'intelligence de l'équipage
dans le mélange des éléments divers qui le formaient ;
le paysan second piqueur avait l'air résolu, et à la
manière attentive dont il examinait les chemins que
nous suivions, on voyait qu'il possédait déjà toutes les
connaissances les plus subtiles de sa profession ; la
poulinière qui le portait marchait légèrement, les naseaux ouverts, l'œil gai et les oreilles fièrement dres-
sées ; enfin les deux petits drôles qui gambadaient à la
suite des chiens, avaient de ces mines éveillées dans
lesquelles l'observateur a bientôt reconnu les organi-
sations riches de bonnes promesses.

Les bois que nous traversions pour gagner le rendez-vous étaient les plus sauvages que j'eusse jamais
vus. Un très-petit nombre de routes les coupaient, et
l'épaisseur des taillis au milieu desquels elles avaient
été tracées devait offrir de grandes difficultés aux veneurs qui voulaient tenter de traverser le fort pour
couper au court. Ces dernières remarques ne laissèrent
pas que de me causer quelque inquiétude, car je

n'avais chassé que très-rarement à cheval depuis une quinzaine d'années.

Comme uous venions de longer une immense vente en exploitation, le comte dit brusquement à son fils :

— Voilà qui est singulier, Robert : il devait y avoir ici une cinquantaine d'ouvriers, et je n'en vois pas un seul.

— Ils sont sans doute encore au prêche, mon père, répondit le jeune de M... de sa voix perçante.

— Les malheureux ! reprit le comte avec un mélange de pitié et de colère. Ils persisteront dans leur folie jusqu'à ce qu'on leur envoie des gendarmes pour les conduire en prison, et alors que deviendront leurs femmes et leurs enfants ? Quand mon pauvre oncle va savoir cela, il sera désolé.

Je me penchai à l'oreille de mon ami le Parisien, qui cheminait à côté de moi, derrière le comte et son fils, et je lui demandai l'explication des paroles qu'ils venaient d'échanger.

— Tout ce pays est infesté par le socialisme, me dit-il, et ce prêche dont vient de parler Robert est sans doute quelque conciliabule où ces pauvres diables vont écouter des coquins qui les abandonneront lâchement au jour du danger.

Je n'eus pas le temps d'en savoir davantage, car en ce moment nous arrivions devant une hutte de sabotier, qui était le lieu où nous devions trouver la Trace et les gardes envoyés avec lui pour faire le bois.

Ils étaient effectivement assis sur un tronc d'arbre

couché à peu de distance de la hutte, dont la porte
était fermée, circonstance qui me parut causer une
impression désagréable au comte de M...

— Eh bien ! quelle nouvelle avez-vous à nous donner, mes enfants? demanda-t-il en mettant lestement
pied à terre.

— Nous avons le grand sanglier, monsieur le comte,
répondit la Trace en se levant de son siége rustique.
Je le remets dans ces fortes broussailles qui se trouvent sous la chaussée de l'étang des Patouillats. Il a
fait une partie de sa nuit avec une laie et des marcassins, mais ils se sont séparés avant le jour, et je le
rembuche seul... Si on pouvait lui planter une balle
dans la tête à l'attaque, ça serait peut-être bien heureux pour nos chiens.

— Nous verrons cela plus tard, mon garçon, repartit
le comte. Allons toujours frapper aux brisées, et ne découple pour commencer que tes vieux malins.

Il remonta sur son cheval; la Trace alla joindre le
sien, qui était attaché près de là à un baliveau; les
chiens prirent les devants avec le second piqueur, et
nous nous remîmes en route en observant un profond
silence.

Dix minutes après, nous atteignîmes la chaussée de
l'étang des Patouillats, et nous nous engageâmes dans
les broussailles qui s'élevaient à ses pieds du côté opposé à l'eau. Nous n'y avions pas fait une vingtaine de
pas, que déjà quelques-uns des vétérans de la meute
dressaient la tête et aspiraient la brise avec force. En

même temps, la Trace nous indiquait par des signes multipliés que son animal n'était pas loin de là, et bientôt il nous désigna du geste sa brisée.

Bien que l'humidité du sol fît paraître les empreintes du sanglier plus larges que ne devait être le pied lui-même, il était cependant facile de juger que nous aurions affaire à un *quartan* de la grande taille.

Nous descendîmes tous de nos montures, qui furent remises aux deux petits gars dont j'ai parlé, et nous nous disposâmes à seconder les piqueurs dans l'opération délicate de découpler d'abord un nombre limité de chiens seulement, en retenant les autres jusqu'au moment où le maître crierait :

— *Lâchez tout !*

Nous ne fûmes pas longtemps dans l'incertitude, car, de la place où nous étions restés, nous entendîmes très-distinctement, après quelques aboiements pleins d'ardeur et de menace, le formidable grognement du sanglier, surpris dans sa bauge au milieu de son sommeil et de sa digestion.

Il y eut une courte bataille, et comme le bruit des combattants allait en s'affaiblissant toujours, le comte en conclut que le *quartan* s'éloignait, alors il cria d'une voix à couvrir le bruit du tonnerre, s'il avait fait de l'orage :

— *Lâchez tout, mes amis ! A cheval, et piquez tout droit jusqu'à ce que vous ayez trouvé un chemin.*

Puis, tout en se mettant en selle, il reprit d'un ton plus calme :

— On ne tirera l'animal que s'il tient sérieusement les abois... Bonne chance à tous !

Nous voilà donc partis au galop à travers ces maudites broussailles qui semblaient impénétrables même à l'œil. La Trace et son second avaient déjà disparu depuis le moment de l'attaque ; le comte et son fils ne tardèrent pas à en faire autant, et je perdis bientôt de vue aussi mon ami le veneur parisien, malgré tous mes efforts pour me maintenir derrière lui. Monté sur un vieux *hunter* irlandais, qui faisait sa troisième saison de chasse à Saint-Aubin, il eut promptement distancé mon pauvre *locati*, peu familiarisé avec les difficultés de la nature de celles que nous avions à vaincre l'un portant l'autre.

Cependant un quart d'heure ne s'était pas encore écoulé, que j'avais rencontré une longue *cavalière* tracée en ligne droite entre deux gaulis, et à l'extrémité de laquelle j'aperçus mes trois compagnons courant à bride abattue. Ils sonnaient de temps en temps des *bien-aller* dont le vent m'apportait les notes interrompues. La chasse, toujours rapide et brillante, était sur ma gauche à deux portées de fusil seulement.

V

A force de piquer mon *locati*, à qui, d'ailleurs, les sons retentissants des trompes et les cris incessants de l'équipage semblaient donner une ardeur que je ne lui avais pas encore vue, je finis par rejoindre mes compagnons, dont la course avait été un peu ralentie par les difficultés d'un chemin creux, transformé en véritable marécage par les innombrables bandes de chevaux de bât qui servaient au transport du minerai extrait de cette partie des bois de Saint-Aubin.

Tant qu'ils furent obligés de trottiner dans ce cloaque à la boue profonde et aussi tenace que du mortier, je pus demeurer avec eux, et nous échangeâmes quelques paroles. Le comte, toujours soucieux comme au moment où il avait remarqué qu'il n'y avait pas de travailleurs dans la grande vente que nous avions longée en gagnant le rendez-vous, revint à plusieurs reprises sur cette circonstance, qui paraissait l'affliger et l'irriter jusqu'à le rendre presque indifférent à la chasse. Cependant, comme celle-ci se rabattit brusquement sur nous à l'instant même où nous sortions du chemin creux, et que le sanglier, serré de près par toute la meute, admirablement ensemble, vint sauter sous le nez de nos chevaux, notre hôte secoua ses préoccupations comme on chasse une pensée pénible, et, reprenant toute son ardeur, il repartit au galop en sonnant un *à vue* de la plus triomphante vigueur.

Lui, son fils et notre ami le Parisien s'engagèrent dans un autre chemin qui côtoyait de nouveau la chasse, et bientôt, malgré tous mes efforts, je ne tardai pas à les perdre de vue une seconde fois.

Je restai pour le coup longtemps seul, tantôt n'entendant plus rien et me dirigeant un peu au hasard, suivant mes inspirations, et tantôt croyant saisir au vol quelques aboiements lointains que la brise emportait bien vite sur ses ailes rapides. Dans ces allées et venues, il m'arriva deux ou trois fois de passer à travers des cantons de bois qui étaient des coupes de l'année, et à proximité de puits à minerai autour desquels la terre fraîchement remuée annonçait qu'on y devait travailler la veille encore. Mais, dans un lieu comme dans l'autre, il ne se trouvait ni un bûcheron, ni un mineur : ces divers chantiers étaient évidemment abandonnés depuis peu, et je me dis que les ouvriers qui les avaient quittés grossissaient sans doute la foule rassemblée au *prêche* dont nous avait parlé Robert une heure auparavant.

— Ce serait bizarre, pensai-je, si, venu à Saint-Aubin pour jouir paisiblement du plaisir de la chasse, je finissais par assister à une de ces scènes dramatiques de la moderne Jaquerie, dont les journaux nous entretiennent depuis quelques semaines.

Et, tout en galopant, l'oreille tendue, je me retraçais la noble existence des patriarches de Saint-Aubin, existence toute consacrée aux actes de la plus touchante bienfaisance, et je me demandais comment on pourrait jamais parvenir à gouverner un pays où tant de vertus ne faisaient que des ingrats, occupés peut-être à cette heure à comploter le pillage, le meurtre et l'incendie en retour de tous les délicats témoignages de dévouement qu'ils avaient reçus.

Je restai plongé dans ces graves réflexions, toujours courant aussi vite que le permettaient les moyens assez bornés de ma monture, les difficultés souvent grandes du terrain et l'incertitude dans laquelle j'étais de temps en temps sur la direction que je devais suivre, jusqu'au moment où j'atteignis un immense canton de balais très-élevés, semblable à ceux du Charolais et du Morvan.

Le chemin que je suivais finissait là, et il n'y en

avait pas d'autre à prendre ni à ma droite ni à ma gauche.

Les balais n'offraient pas non plus le moindre sentier assez frayé pour être engageant.

Retourner en arrière était évidemment une mauvaise manœuvre, puisque la dernière fois que j'avais cru entendre la chasse, elle perçait en avant, et que le bruit serait arrivé plus distinctement jusqu'à moi s'il y avait eu un retour depuis.

Très-désireux de ne pas déchoir dans l'estime de mes hôtes, qui ne m'avaient invité que sur ma vieille renommée de veneur, je pris la résolution de les rejoindre à tout prix, et je me lançai hardiment dans les balais par la première petite coulée qui s'offrit à ma vue.

J'avais jugé en les abordant qu'ils étaient d'une étendue considérable, parce qu'ils s'élevaient en pente douce devant moi à une très-grande distance. J'en eus encore mieux la preuve, lorsqu'après avoir marché une demi-heure environ, sans voir autre chose que les nuages au-dessus de ma tête, j'arrivai sur le point culminant que j'avais remarqué d'abord. Là, la pente recommençait, mais cette fois en descendant, et je n'en apercevais pas les limites.

Sans me décourager, je repris ma course au milieu de cet inextricable *fouillis* de verdure presque noire, que variaient parfois très-désagréablement, pour mon pauvre cheval et pour moi, d'énormes buissons de ronces dont nous ne pouvions sortir l'un et l'autre

qu'après des efforts souvent douloureux. Un moment
vint, je l'avoue humblement, où j'aurais reculé sans la
conviction où j'étais, vu tout le chemin que j'avais parcouru jusque là, qu'il me serait plus profitable de continuer à percer en avant que de revenir sur mes pas.
Ma persévérance n'était déjà plus que du calcul.

Quand j'eus encore cheminé l'espace d'une dizaine
de minutes, je me trouvai dans une sorte de faux-
fuyant, tracé sans doute par les chevaux de bât que
l'on mettait au pâturage dans cet endroit, et ma monture, plus à son aise, se décida d'elle-même à allonger
son pas, encouragée peut-être par les nombreuses
traces d'animaux de son espèce.

La pente était devenue beaucoup plus rapide, et
quelques bouleaux pleureurs s'élevaient çà et là parmi
les touffes de balais, un peu plus clair-semés. J'en augurai tout naturellement que je ne tarderais pas à être
de nouveau en plein bois.

Je mis alors pied à terre; j'attachai mon *locati* à l'un
des bouleaux, et je m'éloignai pour pouvoir écouter
plus tranquillement ce qui se passait au loin.

Aucun bruit de chasse, si faible qu'il fût, n'arriva à
mon oreille, bien qu'il n'y eût pas assez de vent pour
soulever la moins lourde des feuilles mortes qui jon-
chaient le sol; mais au-dessous de moi, et à quelques
pieds de distance seulement, j'entendis un colloque
très-animé. Presque aussitôt je reconnus distinctement la voix du chevalier de Saint-Aubin, quoiqu'elle
n'eût pas en ce moment son timbre habituel.

— Si tu n'en avais pris que ta charge, disait-il en
s'efforçant de paraître en colère, je te pardonnerais,
et même j'aurais fait semblant de ne pas te voir; mais
une charretée, malheureux! N'as-tu pas honte? Sans
compter que tu cours le risque de faire crever ton âne
qui n'en peut déjà plus... Comment vous tirerez-vous
tous les deux de ce bourbier, et monterez-vous ensuite
cette côte?

— C'est vrai, monsieur le chevalier, que je suis bien
fautif envers vous, répondait un individu qu'il m'était
impossible de voir de la place où j'étais, ce qui ne
m'empêchait pas de deviner, à son ton fourbe et crain-
tif, que ce devait être un paysan pris en flagrant délit
de vol; mais, poursuivit-il, ils disent tous maintenant
que les bois appartiennent à tout le monde, et ma foi,
comme il y a bien de la misère chez nous...

— Il fallait venir à la tour au lieu de voler, — interrompit le chevalier d'un ton radouci, où dominait
déjà la pitié de son âme compatissante. — Quant à
ceux qui prétendent que le bien d'autrui est aujour-
d'hui la propriété du premier venu, ce sont tout bonnement des brigands, mon camarade, et je te le ferai
bien voir en envoyant avant un quart d'heure un garde
qui conduira ta voiture en fourrière et te dressera un
bon procès-verbal.

Le voleur de bois se mit à gémir hypocritement, et
moi je me glissai parmi les balais, afin de me rapprocher de manière à voir aussi bien que je venais
d'entendre.

Je reconnus alors que j'étais sur le point le plus élevé d'un talus presque à pic, à la base duquel passait un chemin qui avait plutôt l'air d'un ravin que d'une voie de communication. Au beau milieu, et justement au-dessous de moi, il y avait une petite charrette attelée d'un âne, laquelle était chargée outre mesure de perches de bois vert, et embourbée jusqu'aux moyeux.

Le malheureux âne, appuyé sur son collier, qui le soutenait bien plus qu'il ne lui servait à tirer en ce moment; le malheureux âne, — dis-je, — semblait exténué.

Il avait les yeux hors de la tête, la langue sortie de la bouche, et sa respiration n'était plus qu'un sifflement pénible à entendre.

Un grand diable d'homme, à la face patibulaire ornée d'une barbe grisonnante inculte, se tenait à l'arrière de la charrette, l'épaule appuyée contre elle, comme s'il se préparait à la pousser, pour aider son âne à la sortir des profondes ornières où elle restait immobile à croire qu'on ne pourrait jamais l'en tirer.

C'était le délinquant que je venais d'entendre geindre et qui geignait encore.

A cinq ou six pas de lui, le chevalier de Saint-Aubin, debout sur une large pierre, seul endroit sec qu'il y eût là, promenait son regard de l'homme à l'âne et de l'âne à l'homme, comme s'il avait, à des degrés différents, pitié de tous les deux, tout en continuant cependant dans l'expression de son visage la sévérité que j'avais remarquée dans le son de sa voix quelques secondes auparavant.

Le chevalier et le paysan me tournaient le dos.

Ce dernier reprit d'un ton piteux, en s'éloignant un peu de sa charrette pour se rapprocher du vieux gentilhomme :

— Ce n'est pas vrai, monsieur le chevalier, que vous voulez me faire de la misère ?

— Si, je t'en ferai.

— Mais si je suis condamné à l'amende, je ne pourrai jamais la payer.

— Ça ne me regarde pas... Il faut faire un exemple, vous vous en permettez trop, tous tant que vous êtes, depuis quelque temps... Allons ! pars, et que je ne te revoie plus dans mes bois.

Le paysan, qui ne demandait pas mieux que de s'en aller, et dont la figure hypocrite annonçait clairement qu'il était bien convaincu au fond que le bon chevalier n'enverrait pas de garde pour constater son délit, le paysan retourna à sa charrette et se remit à la pousser en encourageant son âne de la voix.

La pauvre bourrique fit deux ou trois efforts désespérés sans parvenir à ébranler sa charge. Ses jambes menues s'enfonçaient un peu plus dans la boue après chaque coup de collier, et son sifflement était devenu une espèce de râle.

En ce moment, le chevalier cria d'une voix forte :

— Va la prendre par la bride pendant que je mettrai mon épaule à la place de la tienne.

Et, s'élançant de sa pierre avec une légèreté toute juvénile, il s'en alla en trois enjambées, et dans la boue jusqu'à mi-jambe, s'accoter à l'arrière de la charrette.

Mais il eut beau pousser et le paysan tirer son âne par la bride, les roues ne bougèrent pas plus que des termes, et le voleur recommença ses gémissements de plus belle.

— Ne te désole pas, que diable ! — reprit le vieux gentilhomme, tout pâle et tout tremblant du mal qu'il venait de se donner pour mettre en sûreté le vol commis à son préjudice, — nous en viendrons à bout... Voyons, du courage !

Le chevalier poussa de nouveau, l'âne s'allongea à se rompre les muscles, le paysan le tira et le secoua par la bride tant qu'il put, rien n'y fit.

D'ailleurs, alors même qu'on eût réussi à sortir du bourbier, il y avait une petite côte très-roide à monter immédiatement, et c'était une entreprise tout à fait désespérée, même en m'y associant, ainsi que j'en avais la pensée.

— Nous resterions ici jusqu'à demain, — dit le chevalier, — que nous n'en serions pas plus avancés pour cela... Dételle ta bourrique et va-t-en.

— Que je m'en aille, monsieur le chevalier, — pleurnicha le paysan : — Et mon bois, qu'est-ce qui va devenir ?

— Ton bois, ton bois, — répondit le bienfaisant vieillard, qui ne se souvenait déjà plus qu'on l'avait volé. — Eh bien ! je te le ferai conduire demain matin par le bouvier du domaine des Champérays... Tu peux être tranquille, il ne t'en manquera pas une perche.

Et le digne homme, couvert de boue de la tête aux pieds, regagna sa pierre plate, où il se mit à nettoyer sa chaussure avec des feuilles mortes qu'il ramassait par poignées autour de lui.

Vous croyez peut-être, mes chers lecteurs, que le voleur si généreusement gracié se confondit en remercîments et en paroles de reconnaissance ? Point du tout. Il dételа son âne en un tour de main, lui donna un coup de pied dans le ventre pour le faire sortir des brancards, et détala grand train après avoir soulevé son bonnet de laine en jetant un regard hargneux et sournois sur son bienfaiteur.

Profondément ému de cette petite scène, je me dégageai dès touffes de genêt qui avaient dérobé ma présence aux deux interlocuteurs, et, du haut de mon tertre, j'adressai quelques paroles respectueusement amicales au chevalier de Saint-Aubin, sans lui donner à entendre que j'avais tout vu.

Je savais qu'il n'aimait point qu'on lui parlât de ses bonnes actions.

— Ah ! vous avez donc perdu la chasse ! — me dit-il en me faisant de la main un salut cordial qu'il accompagna du plus aimable de ses sourires. — Êtes-vous là depuis longtemps ? — ajouta-t-il avec un certain embarras, comme s'il eût craint d'avoir eu un témoin de la céleste bonté dont il venait de me donner la preuve.

— Je ne fais que d'arriver, et j'ai mis pied à terre pour chercher un moyen quelconque de descendre de cette butte.

— Reprenez votre cheval et suivez pendant une centaine de pas le haut du talus sur votre droite. Vous verrez alors un sentier, et vous me trouverez au bas.

Je fis ce qu'il m'avait dit, et, peu de minutes après, nous étions réunis dans le fond du ravin.

Il m'apprit alors, ce dont je ne me doutais pas le moins du monde, que la tour de Saint-Aubin n'était guère qu'à une lieue de nous, et qu'il ne supposait pas la chasse très-éloignée non plus.

— Ainsi, par le fait, — reprit-il, — vous avez assez bien manœuvré, pour un homme qui ne connaissait pas le pays... Écoutons maintenant.

Il appliqua sa main contre son oreille, et moi j'imitai son exemple en me tournant dans une autre direction.

— Vous avez de la chance ! — s'écria-t-il presque aussitôt — les chiens se rabattent vivement sur nous en ce moment même, et si vous voulez galoper jusqu'à ce grand chêne là-bas et regarder attentivement sur votre gauche, vous ne tarderez pas à voir sauter le sanglier. Alors, au lieu d'être à la queue de la chasse, vous serez à la tête.

Je me hâtai d'enfourcher mon *locati*, et, comme je me disposais à m'éloigner, le chevalier ajouta qu'il retournerait bientôt à la tour, où il croyait sa présence nécessaire parce que... Ses dernières paroles n'arrivèrent pas jusqu'à moi.

Tout se passa exactement comme il me l'avait annoncé, c'est-à-dire qu'à l'instant même où j'atteignais le pied du vieux chêne, l'animal rôdait lentement sur le bord du chemin, cherchant sans doute une place à sa convenance pour le traverser. Les chiens le serraient de près, mais ne donnaient que très-peu de voix, ce qui me fit augurer qu'ils se préparaient à l'attaquer corps à corps.

Je suspendis ma marche, et, à tout hasard, je dégageai ma carabine de son fourreau.

Le sanglier sortit du bois, franchit la route en trois ou quatre bonds assez lourds, et se disposa à grimper le talus en haut duquel j'étais quelques minutes auparavant.

Mais avant qu'il fût parvenu au sommet, une douzaine de chiens le rejoignirent, l'empoignèrent vigoureusement aux jarrets et aux *suites*, et le culbutèrent dans le fond du ravin, où tout le reste de l'équipage tomba sur lui.

Grâce au chevalier, j'étais à l'hallali, et j'y étais seul !

Le comte de M... ayant décidé qu'on ne tirerait que quand le sanglier tiendrait sérieusement les abois, j'attendis quelques instants pour savoir s'il serait encore de force à repousser cette attaque et à reprendre sa course ; mais voyant bientôt qu'il ne cherchait qu'à faire le plus de victimes possible avant de succomber, je descendis de mon cheval, et, m'avançant avec précaution du côté opposé à sa hure, je l'ajustai à la jonction du dos avec les épaules, et j'eus le bonheur de lui fracasser les reins.

Il tomba sur son train de derrière, mortellement blessé, mais dangereux encore pour la meute. Alors je le redoublai, et cette fois je lui mis une balle dans l'oreille qui l'étendit roide.

N'ayant pas de trompe pour sonner l'hallali, je us obligé de le crier de toutes les forces de mes poumons.

La Trace arriva d'abord, puis son second sur sa grande jument percheronne, et enfin le comte, son fils et mon ami le veneur parisien.

Ce fut chez tous ces braves gens, qui se désolaient depuis deux heures à la pensée que j'avais perdu cette chasse organisée à mon intention, une joie sans pareille. Les deux piqueurs sonnaient à se rompre les veines du front ; le comte gesticulait comme un télégraphe, en beuglant des mots sans suite ; le jeune Robert s'était mis tout droit sur son cheval et battait des mains en glapissant, et le Parisien, plus réservé, m'adressait les félicitations les plus chaleureuses. Je ne m'étais jamais trouvé à semblable fête, et, après une interruption de près de quinze années dans mon existence de veneur, c'était en vérité la reprendre d'une manière bien flatteuse avant de la clore sans retour.

Quand l'enthousiasme se fut un peu calmé, je racontai franchement que, sans ma rencontre avec le chevalier, je n'aurais probablement pas eu la bonne fortune qui me valait tant de compliments, ce qui m'en fit adresser d'autres sur ma modestie.

Le fouail fait et les chiens blessés pansés et recousus, nous reprîmes le chemin de la tour, dont nous n'étions pas très-éloignés, ainsi que je l'ai dit plus haut.

Les premiers bois que nous traversâmes pour regagner le logis étaient tout aussi solitaires que ceux que nous avions parcourus depuis le matin; mais étant arrivés dans de grandes *brandes*, et déjà en vue de la tour de Saint-Aubin, qui se détachait au milieu d'un massif de sombre verdure à une demi-lieue de nous environ, nous aperçûmes plusieurs bandes de vingt à trente individus qui semblaient marcher de diverses directions vers un lieu de rassemblement commun. Le comte, qui les découvrit le premier, s'écria :

— Ceci n'est pas bon, messieurs! Au galop vers Saint-Aubin!

VI

Nous ne rencontrâmes plus rien d'inquiétant pendant le trajet qu'il nous restait à parcourir pour regagner la tour; mais en y arrivant, il ne nous fut pas difficile de deviner qu'on y était dans l'appréhension de quelque grave événement. Il y avait à tous les étages de l'édifice des gens qui regardaient au loin dans la campagne, presque partout boisée; des groupes de métayers et de domestiques de ferme s'entretenaient à voix basse dans les différentes cours des communs, et, enfin, mademoiselle de M... et sa gouvernante se tenaient sur le seuil de la tour, dans l'attitude de l'attente quand elle est rendue plus pénible par l'anxiété.

La gracieuse enfant se jeta au cou de son père, embrassa son frère avec une vive émotion, et nous demanda si nous n'avions pas vu son oncle le chevalier, parti peu de temps après nous, le matin.

Je racontai que je l'avais quitté, gai et bien portant, il n'y avait guère plus d'une heure, et qu'il ne fallait pas s'étonner qu'il ne fût pas encore de retour, puisqu'il était à pied.

Pendant cette petite explication, nous étions montés au premier étage, et là mademoiselle Hélène nous apprit qu'un gendarme, envoyé par le préfet de ***, avait annoncé que tout le pays était en insurrection; qu'on savait que plusieurs bandes devaient se porter, durant la nuit ou dans la matinée du lendemain, sur la tour de Saint-Aubin, et qu'un détachement d'infanterie était en marche pour aller au secours de la famille de M..., que le préfet engageait à se mettre en défense, ou tout au moins à se tenir sur ses gardes.

Ces sinistres nouvelles ne surprirent pas le comte, qui s'y attendait depuis qu'il avait trouvé tous ses chantiers déserts; elles ne l'effrayèrent pas non plus outre mesure, mais elles l'affligèrent profondément, et je vis alors qu'il y avait sous sa rude enveloppe une âme tout aussi compatissante que celle de son oncle le chevalier. Il connaissait trop bien le genre de courage des révoltés campagnards pour n'être pas sûr que l'insurrection qui se préparait serait promptement écrasée, et il oubliait tous les périls que les siens et lui pourraient courir d'abord, pour ne songer qu'à ces coupables égarés qui seraient le lendemain des victimes de leur folle crédulité. Il exprima ces sentiments devant nous avec la plus éloquente douleur, réservant toute son indignation et toutes ses pensées de vengeance pour les misérables prêcheurs de révolte qui étaient parvenus à égarer la population la plus paisible peut-être de toute la France.

Au milieu de cette effusion parfois violente des soucis qui l'agitaient, le mot d'ingratitude ne sortit pas une seule fois de sa bouche. En parlant des hommes qui, dans quelques heures, viendraient peut-être en armes incendier ses bois et piller sa maison, il ne disait jamais que : *les malheureux !*

Quant aux dispositions à prendre pour repousser une première attaque, si elle avait lieu avant l'arrivée du détachement annoncé, le comte décida que l'on attendrait son oncle, qui ne pouvait tarder à revenir, et que l'on se bornerait, pour le moment, à rassembler tout ce qu'il y avait d'armes à Saint-Aubin, depuis les fusils doubles des maîtres jusqu'aux faux des laboureurs et aux fourches des hommes de l'écurie.

La même résolution fut prise au sujet de la poudre et du plomb, dont il y avait au château une provision très-respectable, qu'il ne s'agissait plus que de réunir de manière à l'avoir sous la main.

— Ceci est ton affaire, ma petite Hélène, — dit le comte en promenant sa main rude sur la joue blanche et rose de sa fille ; — mais tu sais, — continua-t-il,

— la poudre, ça ne se touche pas aux lumières. Ainsi, chère enfant, mets-toi à la besogne tout de suite, afin d'avoir fini avant la nuit... Ce soir, tu nous aideras à fondre des balles.

— Mon Dieu! mon Dieu! — murmura-t-il à voix basse pendant que sa fille et la gouvernante s'éloignaient.

Et il se couvrit le visage de ses deux robustes mains, qui frémissaient, tant la pensée qu'elles seraient peut-être homicides le faisait souffrir.

A partir de ce moment, une agitation toujours crois-sante régna dans la tour et aux environs des divers bâtiments qui en formaient les dépendances. Des gens placés en sentinelles aux étages supérieurs descen-daient à chaque instant, tantôt pour affirmer timide-ment qu'ils ne voyaient rien, et tantôt pour dire qu'il leur semblait apercevoir des rassemblements nom-breux se dirigeant vers le château. Vérification faite, ces dernières nouvelles se trouvaient toujours fausses, mais elles n'en contribuaient pas moins à entretenir dans l'anxiété la population de Saint-Aubin. L'attitude des métayers et des domestiques du dehors était en général celle de gens dont on n'avait à craindre au-cune démonstration hostile; et cependant il leur échap-pait parfois des expressions qui trahissaient sinon de la sympathie, du moins de la pitié pour les insurgés, qu'ils appelaient des mutins et non des pillards. Le comte et Robert, tout en paraissant absorbés par le soin important de réunir toutes les armes de l'habitation, prêtaient une oreille attentive à ces discours, se communiquaient du regard les impressions qu'ils faisaient naître dans leur esprit, et pensaient, chacun à part soi, qu'ils ne devaient pas compter d'une manière très-absolue sur tous les dévouements auxquels ils s'étaient cru des droits jusqu'à ce jour.

Pendant que ceci se passait, mon ami le veneur parisien et moi nous étions, dans la grande pièce du premier étage, occupés à aider mademoiselle de M... et sa gouvernante à organiser le petit arsenal au moyen duquel nous devions défendre la tour, si on venait nous attaquer. Tout ce qu'il y avait de poudre, de balles et de chevrotines dans la maison avait déjà été rassemblé sur une grande table, où l'on avait placé aussi le plomb en lingots, les moules à balles et une collection fort respectable de pistolets de tous les calibres. Quant aux fusils, carabines, tromblons et autres armes à feu, à mesure que le comte et Robert, qui les recevaient au rez-de-chaussée, en envoyaient quelques-uns, nous les rangions à proximité des quatre fenêtres de la tour, prévoyant bien que ce serait par là que nous repousserions les entreprises des insurgés quand une fois toute la garnison serait rentrée dans l'intérieur de la place. Il fallait, dans ce cas, faire le sacrifice du pavillon de mademoiselle Hélène, des communs et de la ferme avec toutes ses dépendances, qui étaient très-considérables.

Une grande heure s'était écoulée dans ces premiers préparatifs, et le chevalier, qui aurait dû être en tout

état de cause de retour, n'avait pas encore paru. On
s'en étonna d'abord, et bientôt on s'en inquiéta vivement, sans regarder comme possible qu'il eût été rencontré par une des bandes d'insurgés ; mais un accident grave lui était peut-être arrivé en chemin, et ce
souci, ajouté à beaucoup d'autres, avait immédiatement assombri toutes les physionomies, qui étaient
restées calmes et parfois même gaies jusqu'à ce moment, malgré les sombres perspectives de la situation,
sur laquelle chacun de nous avait de plus tristes pres-
sentiments qu'il ne voulait le dire.

Mademoiselle Hélène était particulièrement en peine
de l'absence prolongée de son grand-oncle, pour lequel elle professait une sorte de culte, bien justifié,
d'ailleurs par la tendre affection que le vieillard lui
portait. Deux ou trois fois déjà, elle avait insinué doucement à son père qu'il serait peut-être à propos d'envoyer à la recherche du chevalier, mais le comte avait
toujours répondu qu'il ne voyait pas d'inconvénient à
attendre encore, et que s'il fallait absolument s'occuper de cette recherche plus tard, il s'en chargerait lui-
même, ce qui était un tourment de plus pour sa pauvre fille, qui alors n'osait pas insister et s'efforçait
de feindre une sécurité qu'elle avait cessé de ressentir.

Un peu avant la nuit, trois gardes de la forêt de
Saint-Aubin vinrent d'eux-mêmes offrir leurs services
à la tour, en annonçant de la manière la plus positive
que tous les ouvriers employés dans les bois et dans

les mines étaient en grève et en révolte. De plus, ces braves gens avaient cru, en venant, entendre sonner le tocsin dans quelques-uns des villages situés au-delà de la forêt.

Aucun d'eux, du reste, n'avait rencontré le chevalier, qu'ils croyaient tranquillement à la tour.

L'ensemble de ces dernières nouvelles parut avec raison très-alarmant. On ne s'arrêta pas encore à l'horrible pensée que le chevalier eût pu être la première victime des haines aveugles des insurgés, mais on se dit qu'il avait été peut-être pris par eux et retenu en ôtage, et on songeait avec une indicible terreur à ce que pourrait devenir un prisonnier entre les mains de furieux qui proclamaient tout haut leur droit à s'emparer du bien d'autrui, et leur ferme résolution de massacrer ceux qui tenteraient de se défendre.

Le comte, toujours ferme, nous réunit en conseil, le veneur parisien et moi, et nous pria de lui dire franchement ce qu'il devait faire.

— Ne quitter ni votre maison ni votre fille, — lui répondîmes-nous ensemble sans nous être consultés.— L'un de nous, avec un de vos gardes, ira à la rencontre du chevalier; mais vous, cher comte, c'est ici qu'est votre place.

Il fut convenu alors que ce serait le veneur parisien qui partirait, parce qu'il connaissait mieux le pays que moi, et qu'on lui donnerait deux gardes au lieu d'un pour l'accompagner.

Il sortit immédiatement, pour se préparer à partir,

et nous restâmes pendant quelques instants seuls, le comte de M... et moi.

Il posa sa main sur mon bras, qu'il serra énergiquement, et il me dit à voix basse :

— Marquis, avez-vous pensé à une chose?

Je le regardai comme pour l'interroger, et il ajouta :

— Si ces brigands viennent, et qu'ils soient les plus forts, je serai obligé pourtant de brûler la cervelle à ma petite Hélène...

Je frissonnai de la tête aux pieds à l'idée de cette terrible catastrophe, et ce fut d'une voix bien peu assurée que je cherchai à faire comprendre à ce malheureux père que les choses n'en viendraient jamais à une semblable extrémité.

— Dieu vous entende, — reprit-il, — mais entre la douleur d'être moi-même le meurtrier de mon enfant, et celle de la savoir exposée à tomber vivante entre les mains de ces demi-sauvages, je n'hésiterais pas une seconde, et je suis bien sûr qu'au fond, mon cher marquis...

En ce moment, un roulement de tambours arriva distinctement jusqu'à nous, presque aussitôt suivi du bruit de la marche régulière d'une troupe assez nombreuse.

Nous courûmes à l'une des fenêtres, le comte et moi, et nous vîmes, avec une indicible satisfaction, se ranger en bataille devant la tour deux compagnies d'infanterie et un petit peloton de chasseurs à cheval.

— Allons recevoir ces braves gens! — s'écria le

comte, dont la physionomie, douloureusement énergique quelques secondes auparavant, exprima plus de
sérénité dans sa résolution.

Avec les forces dont nous pouvions maintenant disposer, aucun désastre, si ce n'est quelque lointain incendie dans les bois, n'était à craindre, les révoltés
vinssent-ils attaquer la tour de Saint-Aubin en nombre
considérable. C'était notre opinion à nous autres habitants du château, et aussi celle de l'officier qui commandait le détachement envoyé à notre secours. Ce
brave militaire nous raconta à ce sujet plusieurs
anecdotes curieuses sur la terreur qu'inspiraient deux
ou trois soldats à des centaines de paysans insurgés,
ainsi la seconde Jacquerie avait une ressemblance de
plus avec la première : la lâcheté des assassins.

La troupe, venue en chemin de fer jusqu'à une distance de deux lieues de Saint-Aubin, n'avait rencontré
aucun rassemblement suspect sur la route suivie par
elle pour gagner la tour ; mais elle avait remarqué que
les villages et les hameaux par lesquels elle passait
étaient complétement abandonnés par leurs habitants
mâles, et au moment de son départ du chef-lieu on y
savait, par les rapports de la gendarmerie, que la population entière d'ouvriers employés aux travaux des
forêts et des mines du comte était en insurrection
ouverte et très-menaçante.

Ce n'était pas la volonté d'obtenir une augmentation
de salaire qui mettait les armes à la main à ces hommes dont la famille de M... avait été la providence

depuis de longues années, ils voulaient, disaient-ils hautement, piller la tour, *qu'ils savaient* remplie de trésors, et se partager les bois, les terres et tous les autres domaines du comte, à qui on laisserait sa part, parce qu'il n'était pas méchant au fond.

Le petit peloton de chasseurs à cheval fut envoyé, ayant pour guide le piqueur La Trace, en patrouille dans diverses directions. On établit ensuite des postes avancés d'infanterie à l'issue des trois ou quatre chemins qui aboutissaient à la tour ; le gros du détachement s'installa au bivouac dans la principale cour de la ferme, et on alluma de distance en distance de grands feux de bois très-sec, afin de ne laisser dans l'obscurité aucun des abords de l'habitation.

Toutes ces dispositions prises, une partie des officiers se réunit à nous dans la pièce du premier étage, et le reste demeura avec les soldats, qui paraissaient animés des meilleures dispositions.

Nous aurions donc tous été sans inquiétude à partir de ce moment, si la prolongation de l'absence du chevalier n'avait tenu tous les cœurs dans un état d'angoisse qui croissait de minute en minute. Il n'y avait plus d'illusion à se faire : ou le pauvre homme avait été frappé d'une attaque d'apoplexie dans les bois, et alors, quand on le retrouverait, il serait trop tard pour lui porter secours, ou il était décidément tombé aux mains d'une des bandes d'insurgés, et cette supposition n'était pas moins alarmante que l'autre.

La patrouille de cavalerie revint, repartit dans une

autre direction et revint encore, sans nous apporter
aucune nouvelle; mais, vers le milieu de la soirée,
une des personnes placées en observation au sommet
de la tour accourut nous dire que le tocsin sonnait distinctement dans plusieurs villages, et que dans quelques parties de la forêt on apercevait de larges lueurs
qui ressemblaient à des incendies.

Nous nous hâtâmes de monter sur la plate-forme,
d'où l'on voyait plus loin encore que du quatrième
étage, et là nous acquîmes la triste certitude que cette
fois il n'y avait malheureusement pas d'exagération
dans le rapport qui nous était fait.

Les lueurs sinistres existaient réellement en différentes places, et aux sons lugubres du tocsin se mê-
laient par intervalles des rumeurs de voix humaines,
que le vent d'ouest nous apportait comme les gronde-
ments lointains d'une tempête destinée à fondre sur
nous.

Quelle différence entre cette seconde soirée si sombre
et celle de la veille, qui avait été si gaie depuis le
commencement jusqu'à la fin! Quand je dis gaie, je
parle de cette joie douce que fait naître la sympathie
des âmes et que soutient la mutuelle confiance de ceux
que le hasard a réunis sous un toit franchement hospitalier. Tous les fronts, si sereins vingt-quatre heures
auparavant, étaient devenus soucieux; tous les regards
exprimaient l'horreur et l'indignation; toutes les paroles qu'on échangeait, dans l'espoir de se soutenir
mutuellement par des appréciations moins alarmantes

12

des événements, recevaient à l'instant même un démenti de l'état du ciel enflammé, et de l'espace tout
rempli de clameurs menaçantes.

Et ce pauvre chevalier qui ne revenait toujours pas !
Nous nous entretenions de lui à voix basse, et chaque
fois que son nom était prononcé par l'un de nous, un
sanglot étouffé sortait du sein haletant d'inquiétude
d'Hélène.

Ce fut ainsi que la nuit s'écoula, et il serait presque
superflu d'ajouter qu'aucun de nous ne songea à se
séparer de ses compagnons pour prendre isolément
un peu de repos. Le chevalier n'était toujours pas de
retour, et nous n'avions rien appris du veneur parisien
ni des deux gardes envoyés à sa recherche. Les anciennes inquiétudes grandissaient donc par leur prolongation, et de nouvelles venaient s'y joindre à
chaque instant. Si nos imaginations eussent été tournées à l'espérance, peut-être aurions nous trouvé des
motifs pour nous rassurer, car, depuis les premières
heures du matin, le tocsin et les clameurs avaient cessé
de se faire entendre, et les lueurs rougeâtres qui
s'étaient montrées sur divers points de l'horizon pâlis-
saient et se rétrécisssaient graduellement. Mais la certitude de n'avoir plus à craindre une attaque, qui aurait été repoussée facilement dans l'état actuel des
choses, était une circonstance bien insignifiante en
comparaison de ce fait terrible que le digne chevalier
et l'ami parti courageusement sur ses traces avaient
été victimes de la première fureur des insurgés, exas-

pérés sans doute de la présence d'une force militaire imposante réunie à Saint-Aubin.

Aux premières clartés douteuses de l'aurore, le comte me tira à part et me dit, en prenant mes deux mains, qu'il serra avec force dans les siennes :

— Je ne résiste plus à l'inquiétude qui me dévore.... Je pars décidément avec La Trace, et je ne reviendrai ici que quand j'aurai retrouvé mon pauvre oncle mort ou vivant... Vous êtes père, mon cher marquis, je vous confie ma fille.

Et, se tournant brusquement vers Hélène, il lui fit part de sa résolution, en ajoutant qu'il comptait sur son courage.

Elle devint très-pâle, mais ne montra aucune faiblesse, et, après s'être recueillie un moment, elle présenta son front à son père et lui dit d'une voix ferme :

— Vous faites pour lui ce qu'il ferait pour vous... Partez, mon bon père, et que le bon Dieu vous protège !

Ce fut encore un moment bien terrible que cette séparation. Le comte embrassa tendrement ses deux enfants, me lança un regard qui était une recommandation suprême de me souvenir des dernières paroles qu'il m'avait adressées, distribua quelques poignées de main énergiques aux officiers dispersés dans le salon, et peu de minutes après nous le vîmes, à cheval et suivi de La Trace, disparaître dans la brume du matin dont les bois étaient enveloppés.

Ce serait tomber dans des redites que de raconter

les sensations douloureuses que nous éprouvâmes tous à divers degrés après le départ qui privait la famille de M... de son second chef dans des circonstances aussi graves que celles où nous nous trouvions.

L'anxiéte avait si bien envahi toutes les âmes, que l'idée ne venait à personne de faire entendre une seule parole d'espérance ou de consolation à ces deux enfants si cruellement éprouvés depuis quelques heures. Que leur dire, d'ailleurs, puisque nul ne pouvait former une conjecture sur ce qui était arrivé, ni prévoir quelle serait l'issue de toutes ces mystérieuses disparitions successives ?

Pour ce qui me concerne, jamais l'inconnu ne s'était offert à mon esprit sous un aspect aussi terrifiant.

Mais Dieu veillait sur les patriarches de Saint-Aubin!

Depuis que le jour avait grandi, nous étions montés sur la plate-forme de la tour, et de ce point élévé nous plongions nos regards dans tous les chemins du voisinage. Le brouillard s'était heureusement un peu dissipé après le lever du soleil, et, sur les espaces ouverts, rien ne gênait notre vue à plusieurs centaines de pas è la ronde.

Tout à coup, mademoiselle de M... saisit vivement le bras de son frère en s'écriant :

— Robert, n'as-tu rien entendu?

— Si, ma sœur, et j'entends encore.

— Mais c'est la voix de notre père !

— Je le crois aussi... Écoutez tous avec nous, messieurs !

Chacun retint son souffle, et, après quelques secondes d'une attente pleine d'angoisse, ces paroles
répétées à plusieurs reprises par une voix bien re-
connaissable à son timbre puissant, arrivèrent distinctement à nos oreilles :

— Mes enfants, nous voilà !

Nous nous précipitâmes tous en désordre, en pous-
sant des cris d'allégresse, et, au moment où nous arrivions sur le seuil de la tour, le chevalier, le comte,
leur ami, La Trace et les deux gardes débouchaient
d'un petit sentier de traverse, à l'usage des domestiques, qui aboutissait directement à la porte de la
cuisine.

Si grande avait été la tristesse, immense fut la joie !
Les enfants, qui s'étaient tout naturellement élancés
les premiers, serraient dans leurs bras ce père et ce
vieil oncle si aimés; nous tous nous pleurions d'attendrissement; les soldats eux-mêmes paraissaient émus,
et une douzaine de vieux chiens, sortis à notre suite
de la maison, gambadaient en hurlant autour de leurs
maîtres, comme s'ils voulaient leur dire qu'ils avaient
partagé toutes nos inquiétudes et qu'ils s'associaient
à notre bonheur.

Le chevalier, bien qu'un peu défait par sa nuit passée
à la belle étoile, avait toujours son doux visage sou-
riant et calme. Il eut pour tout le monde de gracieuses
paroles d'affection et de touchantes expressions de reconnaissance; mais quand on lui demanda — et ce fut
moi qui en donnai l'exemple — ce qui lui était arrivé

depuis que je l'avais perdu de vue la veille dans l'après-midi, on ne put rien obtenir de lui de positif, si ce n'est qu'il avait employé tout son temps à aider une foule de braves ouvriers à éteindre plusieurs incendies qui s'étaient déclarés, le soir précédent, dans les bois de son neveu.

Ce ne fut que bien plus tard dans la matinée, et pendant que tous les maîtres de la maison se reposaient, les uns de leurs fatigues et les autres de leurs émotions, que j'appris la vérité complète de la bouche de mon ami le veneur parisien.

Lorsqu'il avait rejoint dans les bois le courageux vieillard, celui-ci se trouvait au milieu d'une des bandes d'insurgés qui devaient marcher sur la tour de Saint-Aubin, après avoir mis le feu en différents endroits de la forêt, ce qu'ils avaient déjà exécuté, et, seul, sans autre arme que son intrépide éloquence, le chevalier venait d'obtenir de ces fous furieux qu'ils renonçassent à la seconde partie de leurs coupables projets. Non-seulement il était parvenu à les attendrir, mais encore il avait entraîné la moitié d'entre eux au secours des bois qui brûlaient, tandis que les autres s'étaient dispersés dans toutes les directions pour empêcher leurs frères et amis, déjà aussi en marche, de continuer leur mouvement sur la tour.

Ainsi s'expliquaient tout naturellement les différentes scènes de l'émouvant spectacle que nous avions eu pendant la nuit précédente : le tocsin sonnant dans plusieurs villages, les clameurs de l'insurrection arrivant par intervalle jusqu'à nous, les incendies éclatant sur divers points, puis tous ces bruits menaçants s'arrêtant les uns après les autres, et les lueurs sinistres cessant un peu avant le jour d'éclairer l'horizon.

Les bornes de cette petite histoire ne me permettent pas de rapporter toutes les anecdotes curieuses que mon ami mêla à son interessant récit de l'expédition nocturne du chevalier.

Les insurgés y jouèrent aussi un rôle qui leur fait honneur, car, du moment où le vieux gentilhomme leur eut ouvert les yeux, ils furent admirables de dévouement et de repentir, et, tant que les troubles durèrent dans le département, cette partie de la population ne bougea plus.

Le lendemain, nous allâmes chasser à pied un lièvre, afin que le chevalier pût être des nôtres. Nous longeâmes la grande coupe en exploitation, et il s'en fallait de beaucoup qu'elle offrit le même spectacle que l'avant-veille. La cognée et la serpe y retentissaient de tous les côtés, et un peu plus loin les bruits plus sourds de la pioche et du pic des mineurs se faisaient aussi entendre autour de nous.

— Quelle bonne population, mon cher marquis! me dit le chevalier en digne *patriarche* qu'il était.

LE BESOGNEUX

J'ai reçu, à la fin du mois dernier, la lettre suivante, dont je supprime quelques passages qui me sont trop personnels pour pouvoir intéresser le lecteur.

« Monsieur le marquis,

« Abonné du journal le *Sport* depuis le 1er janvier de cette année, j'ai lu avec toute la sympathie d'un bon confrère en saint Hubert votre *Histoire anecdotique de la vénerie contemporaine*, et je me mets à votre disposition pour vous donner tous les renseignements qui vous seront nécessaires, quand l'ordre de votre travail vous amènera à la province que j'habite. Veuillez donc vous dire, dès à présent, que je serai trop

heureux de pouvoir coopérer à une œuvre qui. . . . .
. . . . C'est une excellente et sage idée
que vous avez eue de réunir sous ce titre, — *les Ex-*
centriques — les originaux que vous avez rencontrés
parmi les veneurs de votre connaissance. Cette partie
de vos chroniques cynégétiques n'est certainement pas
la moins piquante, malgré le mystère qui entoure les
noms de vos singuliers personnages, et ce mystère
vous met à l'abri du reproche d'indiscrétion que doivent encourir parfois les hommes qui, comme vous,
consacrent leurs loisirs à peindre les mœurs de leur
temps. Votre *Rimbaud* et votre *Dorante*, que je n'ai reconnus ni l'un ni l'autre, sont deux personnages très-
amusants, chacun dans son genre, et l'intérieur de
vos *Patriarches de vénerie*, que je vous soupçonne, —
ceci entre nous, — d'avoir un peu poétisé, est un petit tableau de genre plein de vérité. Si vous n'avez pas
terminé votre galerie de ces types exceptionnels, j'en
aurais un assez curieux à vous donner. Je joins à tout
hasard à cette lettre l'histoire de ma rencontre avec
le personnage en question; je l'ai écrite au courant de
la plume à votre intention, en me disant que si ce do-
cument vous semblait bon à quelque chose, vous y
feriez les changements nécessaires. Dans tous les cas,
monsieur le marquis, je me serai mis en relation directe avec vous, ce que je souhaitais depuis longtemps.

« Recevez, je vous prie, etc.

« Le marquis de B...

« Au château de Ch..., ce 25 novembre 1857. »

Ce marquis de B..., que je n'ai pas l'honneur de connaître personnellement, bien que sa renommée soit venue depuis longtemps jusqu'à moi, et qu'il figure dans ma liste des célébrités destinées à prendre place dans mon histoire des chasseurs illustres de notre époque, porte un des plus beaux noms de la vénerie contemporaine. Je fus donc très-flatté en recevant sa lettre, et fort intéressé par la petite anecdote qui l'accompagnait. La voici avec peu de changements ; car elle était justement écrite de ce style simple, facile et clair qui convient à ce genre de récits. Il ne me reste plus qu'à prier mes lecteurs de vouloir bien, nonobstant ma signature, s'imaginer qu'ils écoutent au lieu de lire, et que c'est le marquis de B... qui raconte :

Au mois de septembre 1847, je me rendais en poste à Rennes, où m'appelait un procès important pour la succession d'un parent éloigné. J'avais déjà gagné en première instance ; l'affaire revenait en cour royale ; le jour de l'audience était fixé à un terme prochain, et Me G..., avocat célèbre du barreau d'Orléans, qui plaidait pour moi, m'avait bien recommandé d'arriver au moins quatre ou cinq jours avant le jugement, pour avoir le temps de visiter mes juges.

J'étais parti de chez moi avec la ferme résolution de voyager aussi vite que possible, parce que j'étais convié, pour la semaine suivante, à prendre une portée de louveteaux chez un veneur de mes amis qui habitait le département de la Sarthe ; mais je fus contrarié de deux manières dans mon dessein. D'abord un orage épouvantable me retint une après-midi entière et une soirée fort avancée vers la nuit, dans un petit relais borgne, entre Laval et Vitré. Plus tard, sur le matin, et comme j'approchais de cette dernière ville où je comptais déjeuner, un de mes essieux se rompit dans la traversée d'un village, et il me fallut bon gré mal gré rester là encore.

« Je pensai que la marche m'aiderait à supporter cette nouvelle contrariété, car, en ma qualité de chasseur à pied aussi bien qu'à cheval, elle est pour moi le meilleur de tous les calmants dans les diverses circonstances qui mettent les hommes de mauvaise humeur. Le charron de l'endroit m'avait dit qu'il en aurait au moins pour trois heures de travail, et mon postillon, qu'il n'y avait plus que deux lieues à faire pour gagner Vitré.

Mon parti fut bientôt pris; j'indiquai à mon domestique l'auberge où je voulais descendre, et je m'acheminai vers la ville, la canne à la main, comme on dit vulgairement.

Le temps n'avait pas encore été aussi magnifique depuis le commencement de cette belle saison d'automne dont le retour fait palpiter de joie le cœur de tous les vrais disciples de saint Hubert.

Jamais la campagne ne m'avait semblé aussi richement parée par la main prodigue du Créateur.

Le ciel, que l'orage de la soirée précédente avait purifié d'une extrémité de l'horizon à l'autre, et la verdure, toute ravivée par un doux et brillant soleil succédant à une pluie chaude et vivifiante, étaient l'un et l'autre d'un éclat incomparable.

Les gazons des talus du grand chemin, les haies qui bordaient les sentiers, les champs, les prés, les bois, les buissons étincelaient, chatoyaient, scintillaient, embaumaient, gazouillaient, chantaient, que c'était un plaisir, et, sans m'en apercevoir, j'en vins peu à peu à me féliciter de l'accident arrivé à mon briska de voyage, et à regretter que je n'eusse pas seize kilomètres à faire, au lieu de huit, pour aller chercher mon déjeuner.

Je venais de descendre d'un pas nonchalant, comme celui de tout homme qui savoure avec volupté les charmes d'une matinée riante, une côte assez rapide, à l'extrémité de laquelle la route tournait brusquement derrière d'énormes quartiers de roc amoncelés et reliés entre eux par des végétations vigoureuses et bizarres, lorsque je me trouvai tout à coup au milieu d'une halte de chasse, pittoresquement établie autour d'une immense pierre plate, qui représentait assez bien une table ronde de salle à manger.

Je jugeai du premier coup d'œil que le festin était des plus rustiques, et qu'il aurait inspiré à un gastronome de profession un profond sentiment de pitié pour les pauvres diables destinés à le consommer, même en entier, pour leur repas du matin.

Mais j'étais trop véritablement chasseur pour attacher quelque importance à ce détail, selon moi très-secondaire, et je me mis à examiner, discrètement et

attentivement tout à la fois, les individus et les bêtes
réunis parmi les rochers, avec l'intention évidente de
chasser quelque chose après le déjeuner.

Il y avait deux hommes, autant de chevaux et une
douzaine de chiens de pelages différents.

Les uns et les autres étaient d'une maigreur phénoménale; mais il y avait de la fierté et de la résolution
dans l'attitude des premiers, une singulière vigueur
dans les muscles décharnés des seconds, qui rongeaient
avec une insouciance superbe la mousse des rochers,
et la meute me lançait ces regards insolents et hardis,
qui sont chez la race canine le signe le plus certain
du courage uni à l'intelligence.

Tel que je viens de l'esquisser rapidement, le tableau
était plein de charme pour un veneur aussi passionné
que moi, et, ma foi, je me rapprochai peu à peu pour
le contempler de plus près, au risque de m'entendre
dire que j'étais bien curieux.

Je crus d'abord que cette petite humiliation allait
m'arriver; car l'un des deux hommes se sépara de son
compagnon et vint à ma rencontre.

C'était un grand gaillard de trente-cinq à quarante
ans, osseux, basané, barbu, presque poilu, puisque
sa barbe, qui commençait sous ses yeux, semblait se
continuer sur sa poitrine, qu'on entrevoyait sous sa
veste à demi-ouverte; il avait un nez d'une longueur
démesurée, des joues creuses, des yeux enfoncés et un
menton de galoche.

Il portait avec une sorte de noblesse un costume usé

jusqu'à la corde, mais qui n'avait rien de vulgaire.

En le voyant venir à moi, je m'étais dit que ce devait être le maître du singulier équipage que j'avais sous les yeux, et le ton décidé, quoique parfaitement courtois, avec lequel il m'adressa la parole, me démontra que j'avais deviné juste.

Il souleva avec l'aisance facile d'un gentleman parfaitement élevé sa coiffure, laquelle consistait en une cape de velours jadis noir, mais devenu roux à force d'avoir été exposé à toutes les intempéries des saisons pendant de longues années, et il me dit de ce ton jovial qui révèle un caractère heureux jusqu'à l'insouciance :

— La manière dont vous nous regardez, monsieur, me fait supposer que vous êtes aussi chasseur.

— Je le suis effectivement, monsieur, répondis-je en lui rendant son salut; c'est l'excuse de mon indiscrétion. Chaque fois que je rencontre des coreligionnaires, j'ai de la peine à m'empêcher de leur laisser voir ma sympathie.

L'expression de coreligionnaire avait amené un sourire reconnaissant sur ses lèvres, gonflées au milieu par l'usage fréquent de la trompe, et il reprit, en me montrant de la main la pierre ronde qui lui servait de table ainsi qu'à son compagnon :

— Voudriez-vous me faire l'honneur de partager mon frugal repas ? du pain noir, une épaule de mouton un peu coriace et du petit vin de Romorantin, qui, s'il vous gratte un peu le gosier en passant, aura du moins l'avantage de ne pas vous porter à la tête. Je n'ai rien de mieux à vous offrir, mais c'est de bon cœur que je vous l'offre.

— Je vous rends grâce, monsieur. Je suis pressé de continuer mon voyage, déjà retardé par l'orage d'hier et par un accident arrivé ce matin à ma voiture. Permettez-moi seulement, avant de prendre congé de vous, de vous demander à qui je dois un si cordial accueil.

— Je suis le baron César de G..., dont vous n'avez sans doute jamais entendu parler dans le grand monde, attendu qu'il y a bien longtemps que j'ai cessé de le fréquenter pour me consacrer exclusivement à la chasse, qui est mon seul plaisir, et j'ajouterai mon unique passion... Puis-je à mon tour...

— Moi, je suis le marquis de B..., répliquai-je sans attendre la fin de la phrase de mon interlocuteur, que le commencement indiquait d'une façon plus que suffisante.

— Le marquis de B...! s'écria-t-il en levant les mains au ciel pendant qu'un épanouissement extraordinaire se peignait sur son singulier visage.

— Lui-même.

— Le célèbre veneur du Limousin?

— J'habite effectivement cette province et j'aime passionnément aussi la chasse, à laquelle je donne, comme vous, monsieur le baron, le plus de temps que je peux; mais je ne croyais pas être célèbre, du moins jusque dans ce pays où je ne suis jamais venu que comme plaideur.

— Vous l'êtes, morbleu! ainsi ne vous en défendez pas. Quel honneur et quelle fortune pour moi que cette rencontre! monsieur le marquis, souffrez que je presse avec admiration et respect la main de l'une des plus grandes illustrations de la vénerie moderne.

— De tout mon cœur, monsieur, repartis-je du ton le plus gracieux, car vous aussi vous me paraissez être un de ces croyants disciples de saint Hubert comme l'on n'en rencontre pas tous les jours.

— Monsieur le marquis, reprit-il avec une chaleur toujours croissante, nous ne nous quitterons pas comme cela! Mon petit castel du Roc-Libre n'est pas très-éloigné d'ici, il faut absolument que vous veniez y passer quelques heures.

— Cela m'est tout à fait impossible, monsieur le baron.

— Je ne vous laisserai point continuer votre route que vous n'ayez cédé à ma prière... Je veux pouvoir dire que je vous ai reçu sous mon toit.

— C'est à regret que je vous refuse, répondis-je, soyez-en bien convaincu; mais il est indispensable que je sois rendu ce soir même à Rennes, pour des affaires de la plus haute importance.

Et, pour en finir, j'expliquai brièvement au baron les puissantes raisons que j'avais pour ne pas interrompre un voyage d'où dépendait peut-être une notable partie de ma fortune.

Il m'écouta avec un mélange d'impatience et d'attention tout à fait comique, puis il répliqua :

— Vous ne verrez toujours votre avocat et vos juges que demain dans la matinée, ainsi, en restant avec moi ce soir, un peu tard même, et en courant la poste seulement une partie de la nuit, vous serez encore à Rennes avant le point du jour. Cela sera tout aussi bien pour vos affaires, et vous aurez fait un heureux, ce qui doit avoir du prix pour un homme comme vous.

Il vit probablement que j'étais déjà ébranlé par ses instances, car, sans me laisser parler, il poursuivit avec force en me prenant de nouveau les mains qu'il serra convulsivement dans les deux siennes, et qu'il garda malgré mes efforts pour les retirer :

— De grâce, ne me refusez pas !

— C'est aussi comme une grâce que je vous supplie de ne pas insister.

— Que puis-je dire encore pour vous toucher, monsieur le marquis ? Ah ! voilà !... Je vous recevrai pauvrement.

Il mit tant de finesse et de dignité à prononcer ces dernières paroles, que je ne me sentis plus le courage nécessaire pour lui résister plus longtemps, et ce fut d'une voix qui témoignait de ma faiblesse croissante que je balbutiai ces quelques mots qui étaient déjà un demi-acquiescement à son désir :

— Mais que va penser mon domestique lorsqu'il ne me trouvera pas à Vitré après ne m'avoir pas rejoint en route ?

— N'est-ce plus que cela qui vous retient ?

— Eh bien ! franchement, oui. Je suis résolu à m'étourdir sur tout le reste.

— Vos intérêts n'auront pas à souffrir de votre bonté pour moi, et votre domestique sera prévenu à temps. J'appellerai le cantonnier que vous voyez là-bas appuyé sur son long marteau ; vous lui glisserez une pièce de cinquante centimes, et nous le chargerons de prévenir vos gens, quand ils passeront par ici, que vous ne les rejoindrez que tard dans la soirée.

— Soit, baron ; je cède donc à vos aimables instances, et je vous jure que cela me fait au moins autant de plaisir qu'à vous. Je suis prêt à vous suivre, et vous pouvez disposer de ma personne jusqu'après le coucher du soleil.

Je crus qu'il allait me sauter au cou dans l'excès de sa joie, et j'avoue que dans ce moment j'aurais préféré qu'il fût un peu moins expansif.

— Vous m'accordez plus que je n'aurais osé vous demander, me dit-il avec émotion, et j'en serai reconnaissant pour le reste de mes jours. Voyons, convenons de nos faits. Nous allons d'abord casser une croûte ; nous irons ensuite jusqu'à mon manoir, où j'ai quelques ordres à donner, puis vous enfourcherez de nouveau le cheval de Marcassin, — c'est le nom de mon piqueur, — et nous prendrons notre lièvre au moins avant dîner... Le même cheval vous conduira ce soir à Vitré, en compagnie de votre serviteur, mille fois plus heureux et plus fier que s'il avait reçu le roi dans sa modeste demeure.

Le cantonnier fut appelé, et comme il ne s'agissait pour lui que de prononcer quelques paroles moyennant récompense, il se chargea volontiers de ma commission. Cela fait, nous nous dirigeâmes vers le piqueur Marcassin, qui était resté, ainsi que je l'ai dit, parmi les rochers, avec les deux chevaux maigres et la meute quasi étique.

Le serviteur, qui ne m'était apparu jusqu'alors que de loin, avait l'air d'être sorti du même moule que son maître. C'était la même figure longue, décharnée et velue, les mêmes yeux caves et le même nez taillé en bec d'oiseau de proie.

Les costumes se ressemblaient aussi, avec cette seule différence que celui de Marcassin était un peu plus usé encore que celui du baron.

Quand ce brave piqueur sut qui j'étais, il manifesta à son tour un enthousiasme très-flatteur pour mon amour-propre, et comme j'avais deviné tout de suite qu'il était encore plus le fidèle ami que le domestique de son maître, je le traitai moins en subalterne qu'en compagnon.

L'excellent baron n'avait calomnié ni son pain, ni son épaule de mouton, ni son vin, en disant que le premier était noir, la seconde coriace et le troisième aigre à faire danser des chèvres qui en auraient bu ; mais tout cela était offert de si bon cœur, que je pus me monter la tête jusqu'à goûter de tout sans faire de grimace. Quand il ne resta plus que des os, on les jeta aux chiens qui les broyèrent en quelques coups de dents, après quoi nous montâmes à cheval, suivis de loin par Marcassin et la meute.

Au bout d'un quart d'heure de course rapide, toujours à travers des bois d'une assez pauvre venue, nous débouchâmes sur une lande inculte, au centre de laquelle s'élevaient, sur le haut d'une masse de roches formant un mamelon isolé, deux tourelles à demi-croulantes, réunies par un corps de logis lézardé en plusieurs endroits.

Le baron mit alors son cheval au pas, exemple que le mien suivit de lui-même; puis il me dit, en me montrant les ruines, car je ne saurais donner un autre nom aux bâtiments dont je viens de parler :

— Voilà mon castel de Roc-Libre, monsieur le marquis... Ne me trouvez-vous pas bien hardi maintenant d'avoir tant insisté pour vous prier d'y venir ?

— Pas le moins du monde, monsieur le baron ; il est dans une situation des plus pittoresques, et si le pays était beau aux environs, on aurait sûrement de là-haut une vue charmante.

J'ignore s'il prit pour argent comptant ce tortillage diplomatique qui ne répondait nullement à sa question, mais il poursuivit du ton le plus naturel du monde :

— Je sais parfaitement que tout ceci a besoin de quelques réparations très-urgentes; mais, je ne suis pas assez riche pour jeter mon argent par les fenêtres.

— Les réparations ne sont vraiment nécessaires que dans les habitations modernes, dis-je. Quant aux an-

ciennes maisons, il est du meilleur goût de ne pas trop
leur ôter leur caractère de vétusté.

Il me regarda de côté pour savoir si je ne raillais
point, et, trouvant sans doute ma physionomie suffisamment sérieuse pour le rassurer, il reprit :

— C'est très-bien ce que vous avez dit là, monsieur
le marquis, et je me le rappellerai chaque fois que le
vent fera crouler mes vieux murs et s'ouvrir toutes
mes vieilles portes... Au surplus, ajouta-t-il d'un air
de satisfaction, le chenil et l'écurie sont en parfait état;
et pour un chasseur qui ne tient pas plus à ses aises
que moi, c'est là l'essentiel.

En ce moment, nous arrivions au pied du mamelon
sur les flancs duquel serpentait en ziz-zag un sentier
tracé dans les roches. C'était la seule voie de communication pour aborder le château de ce côté.

Le baron dégagea prestement la grande trompe
bossuée qui reposait sur son épaule gauche, et, après
l'appel vigoureux qu'il en tira, je vis sortir de la moins
délabrée des deux tourelles une femme de haute taille
que suivait un jeune gars à la tournure alerte, autant
que j'en pouvais juger à la distance qui me séparait
encore de ces deux nouveaux personnages.

— Vous voyez tout mon domestique, monsieur le
marquis, me dit le baron : la femme et le fils de Marcassin mon piqueur, que j'ai eu l'honneur de vous
présenter et qui nous rejoindra sans doute tout à
l'heure... Maintenant mettons pied à terre, et montons
en tenant nos chevaux par la bride.

13.

II

Notre ascension n'eut rien de bien pénible, car si le mamelon était taillé presque à pic depuis sa base jusqu'à son sommet, ces deux points extrêmes n'étaient pas très-éloignés l'un de l'autre.

A la sortie du sentier, nous débouchâmes sur une petite esplanade où l'on apercevait les traces d'un ancien parterre, en friche depuis longtemps, à en juger par l'état informe des bordures de buis qui en marquaient autrefois les contours. C'est là que nous attendaient la grande femme et le jeune gars que nous avions aperçus un peu avant de mettre pied à terre.

Le second prit nos chevaux pour les conduire probablement à l'écurie, et la première, dont la physionomie était triste et inquiète jusqu'à l'anxiété, me fit une révérence gauche en interrogeant son maître du regard.

— Eh bien ! oui, ma bonne Rose, lui dit-il comme pour répondre à sa question muette, j'amène quelqu'un à dîner ; mais ne te tourmente pas, c'est un chasseur qui a trouvé ton épaule de mouton de ce matin excellente... Tu feras pour le mieux.

Rose, qui semblait s'être placée d'abord de manière à nous barrer le chemin conduisant à la porte de la maison, se rangea alors pour nous laisser passer, et nous pénétrâmes dans une petite salle voûtée qui n'avait pour ameublement qu'une table peu d'aplomb sur ses quatre pieds, un buffet vermoulu surmonté d'un dressoir garni de quelques pièces de faïence grossière et une demi-douzaine de sièges de diverses formes, tous recouverts de tapisseries qui avaient dû être sans doute fort élégantes dans leur temps, mais dont la vétusté était telle, que le crin séculaire avec lequel ils avaient été rembourrés autrefois s'échappait de tous les côtés par de nombreuses et irréparables déchirures.

Le baron, avec la plus aimable courtoisie et sans le moindre embarras, m'offrit un de ces sièges, en prit un autre pour lui, et, quand nous fûmes assis tous deux, il me dit, en indiquant d'un geste circulaire les divers objets que je viens d'énumérer :

— Ah ! ce n'est pas ici votre magnifique château du
Limousin, dont j'ai tant entendu parler l'année dernière, pendant un déplacement que j'ai fait en bas-
Maine ; mais vous n'aurez aucun souci de mon sort,
monsieur le marquis, quand vous saurez à quel point je
suis heureux dans ces ruines, qui ne tiennent plus ni
à fer ni à clou, je vous ai avoué pourquoi, et au milieu
de ces landes, où nul ne me conteste le droit de chasse,
bien que je n'y possède plus ni un baliveau ni une
touffe de bruyère assez grosse pour abriter un lapin.

— Je vous crois sans peine, monsieur le baron, lui
répondis-je. L'homme qui a pour compagnie, dans la
solitude la plus sévère, une passion profonde et vraie,
n'est jamais à plaindre, et pour ce qui me regarde, je
serais plutôt tenté de vous envier.

— Cependant, avec la passion, un peu d'aisance ne
ferait pas de mal, et, tel que vous me voyez, il ne me
reste plus que dix-huit cents francs de rente viagère
d'une assez belle fortune que possédaient mes ancêtres
il y a environ deux siècles.

— Ce n'est pas considérable, en effet.

— *Ils ont tout mangé* de père en fils, et toujours pour
la chasse, et moi je finis sans scrupule le peu qu'ils
m'ont laissé, car je n'ai pas d'enfants... Je vous le ré-
pète, monsieur le marquis, c'est la chasse seule, durant deux ou trois générations, qui m'a amené, moi le
dernier de ma race, au point où je suis. Aussi je n'en
ai nulle honte, comme bien vous pensez.

Tout cela fut débité avec un mélange de dignité

simple et d'insouciance joviale qui me causa une très-vive impression, et me donna le désir de connaître un peu plus particulièrement l'histoire de mon singulier hôte.

Jusqu'à ce jour, j'avais cru qu'il n'existait pas de veneur plus passionné que moi, et j'en rencontrais un qui me rapetissait singulièrement à mes propres yeux.

Je lui en fit naïvement l'aveu, ce qui parut le flatter beaucoup, et je lui donnai à entendre adroitement que je serais bien aise d'en savoir un peu plus long sur son compte.

— Je ne demanderais pas mieux que de vous satisfaire; mais en vérité il n'y a rien de plus que ce que je vous ai déjà dit et que ce que vous voyez. Depuis que j'ai commencé à marcher, j'ai chassé avec mon père, qui était, ou peu s'en faut aussi pauvre que moi et lorsqu'il m'eût laissé orphelin à quinze ans, j'ai continué à garder et à entretenir comme je l'ai pu son équipage, toujours vendant par-ci par-là quelque bribe de notre patrimoine, déjà réduit à presque rien. Voyant la ruine complète arriver rapidement, j'ai vendu tout le reste en bloc, et je me suis fait la petite rente dont je vous ai parlé, en me réservant la jouissance de ces murs crevassés, où je passe des jours vraiment tranquilles. Je n'ai jamais cherché à me marier, et le mariage n'est pas venu s'offrir à moi; je n'aime ni la bonne chère, ni le jeu, ni les autres distractions que le vulgaire nomme les jouissances de la vie. Je n'ai pas non plus d'amour-propre, si ce n'est pour ma petite meute, et sous ce rapport je suis sans inquiétude, comme vous en jugerez tout à l'heure. Ainsi, par exemple, un autre à ma place souffrirait peut-être de recevoir chez lui un homme de votre sorte, et de n'avoir à lui offrir qu'un insuffisant et détestable dîner ; moi je ne pense qu'à une chose, c'est à l'honneur que vous m'avez fait en consentant à venir vous reposer pendant une journée dans ma pauvre demeure. Ma cave est à peu près vide, et mon fourneau est plus souvent éteint qu'allumé ; mais il est excessivement rare que j'aie faim ou soif. Les rats de mon grenier sont encore plus maigres que mes chevaux, mes chiens et moi-même, et cependant ils y restent, ce qui prouve que je ne suis pas seul à trouver des charmes à la pauvreté. Que m'importe que les huissiers de Vitré m'envoient des exploits tous les quinze jours, puisqu'il n'y a rien ici qui vaille la peine d'être vendu à l'encan ? Qu'il pleuve, qu'il neige, qu'il vente, je chasse tous les jours que le bon Dieu fait. Mes bêtes et mes gens sont acccoutumés, comme moi, à la diète, et de même que moi aussi, ils trouvent que rien ne leur manque quand ils courent après un chevreuil ou un lièvre. De tout cela il résulte, monsieur le marquis, que de tous mes prédécesseurs qui ont habité depuis des siècles le château de Roc-Libre, je serai très-positivement celui dont le sort aura été le plus heureux, sans compter qu'aucun d'eux, que je sache, n'a eu l'honneur d'abriter un veneur tel que vous sous son toit.

— Ma foi, monsieur le baron, vous êtes un fier homme! m'écriai-je, transporté d'enthousiasme pour ce brûlant fanatisme et ce robuste dédain des dou · ceurs de la vie, et je ne saurais assez vous remercier d'avoir insisté pour m'emmener chez vous.

— J'étais sûr que cela vous intéresserait ; et c'est pour cette raison que j'ai pris la liberté de vous presser comme je l'ai fait. L'année dernière, j'ai aussi reçu le duc d'E., et il m'a même fait promettre d'aller célébrer la Saint-Hubert prochaine chez lui... C'est encore un digne veneur que celui-là.

— Est-ce que je n'aurai jamais l'honneur de vous recevoir à mon tour dans mon château du Limousin?

Un éclair de joie jaillit de ses yeux enfoncés dans leurs orbites, et je crus qu'il allait m'annoncer sa visite pour une époque peu éloignée ; mais sa physionomie, passagèrement illuminée, se rembrunit tout à coup, et ce fut d'une voix presque désolée qu'il me dit :

— Je ne vous cache pas que ce serait le plus grand bonheur de ma vie, mais le Limousin est loin de la Bretagne, et vous comprenez qu'un homme qui n'a que dix-huit cents francs de revenu pour soutenir tant bien que mal dix-huit estomacs, ne peut pas dépenser beaucoup pour ses menus-plaisirs.

— Cependant, reprit-il après être resté quelques instants silencieux, et en baissant la voix comme s'il me faisait une confidence, il ne serait pas impossible que je pusse entreprendre un peu plus tard ce petit voyage... Un ancien épicier enrichi, qui fait construire

un château féodal à quelques lieues d'ici, désire de
puis longtemps acheter mon escalier, que l'on assure
être une pièce très-curieuse. Et morbleu ! monsieur le
marquis, je suis capable de le vendre pour me mettre
à même de me présenter convenablement dans une
maison comme la vôtre.

— Vendre votre escalier, baron ! m'écriai-je ; mais
vous n'y pensez pas !

— Oh ! je ne monte jamais à mon premier étage,
répliqua-t-il avec la plus charmante naïveté.

Je ne trouvai rien à répondre à une raison aussi
bonne, et je me bornai à dire à mon hôte qu'il n'aurait pas besoin de se mettre en grande dépense pour
venir chez moi, attendu que je ne recevais jamais de
ces veneurs élégants qui ne peuvent souffrir une veste
un peu râpée à côté d'eux.

En ce moment, une fanfare résonna au bas du mamelon.

—Ah ! voilà Marcassin qui nous appelle ! reprit le
baron en se levant. Pendant que vous montiez à cheval, je lui avais recommandé de nous avertir ainsi de
son retour... Mais ne voulez-vous pas, avant de nous
mettre en chasse, donner un coup-d'œil à mon petit
castel ? Ce sera l'affaire de quelques minutes seulement.

Nous sortîmes ensemble, et il me montra d'abord le
fameux escalier, qui était effectivement un véritable
bijou de pierre dans le style le plus pur du beau temps
de la Renaissance. Nous passâmes ensuite dans la

tourelle de droite, où se trouvait, au rez-de-chaussée, sa chambre à coucher. Elle était, bien entendu, ronde comme cette partie de l'édifice elle-même, et sauf la rareté ou le délabrement des meubles les plus nécessaires, elle devait former un séjour assez agréable, parce que l'on jouissait, des trois fenêtres qui l'éclairaient à l'est, à l'ouest et au midi, d'une vue remarquable par son étendue et son aspect sauvage. Le pays n'était que la pauvre Bretagne; mais le mélange des bruyères en pleine floraison et des bois sombres qui composaient le paysage avait tout à la fois de la grâce et de la grandeur. Je le dis à mon hôte, à qui cela parut faire grand plaisir.

Le premier étage ne renfermait pas un seul meuble, et était d'ailleurs rendu tout à fait inhabitable par l'état des portes et des fenêtres, les premières sans gonds ni serrures, et les secondes complétement dégarnies de leurs espagnolettes et de leurs vitres. Pour le moment, ces diverses ouvertures ne laissaient pénétrer que des brises chaudes et que des rayons de soleil réjouissants; mais je me dis qu'il y devait passer, de novembre en mars, de terribles bourrasques et de rudes giboulées. Lorsque nous entrâmes dans un vaste galetas, qui avait été peut-être au temps jadis la salle de réception du manoir, nous fîmes fuir une bande de rats qui, ainsi que me l'avait conté le baron, égalaient en maigreur les autres bêtes de la maison. Ils n'eurent pas de peine à trouver, pour nous dérober leur présence, de vastes trous, au fond desquels je vis briller, pendant quelques secondes encore, leurs petits yeux effarés et affamés.

— Quant à l'autre tourelle, me dit mon hôte en me ramenant vers son joli escalier, elle est effondrée du bas en haut, et les trois étages n'en font plus qu'un seul rempli de décombres; mais je vais vous faire visiter mon chenil en allant prendre nos chevaux à l'écurie. Là, vous ne verrez pas de ruines... Ces pauvres chevaux et ces pauvres chiens, qui nous rendent tant de services, il faut bien avoir un peu soin d'eux.

Nous sortîmes par la façade du château que je ne connaissais pas encore, et mes regards tombèrent tout de suite sur un petit bâtiment de construction moderne, devant lequel régnait une pelouse assez verdoyante.

Il renfermait l'écurie et le chenil.

Tout y était mesquin, fait avec une évidente parcimonie ou bizarre, et il était facile de voir que le pauvre baron avait été obligé de tirer, comme l'on dit vulgairement, flèche de tout bois.

Ainsi, par exemple, dans le logis des chevaux, le râtelier était formé par de petites colonnettes que je reconnus pour avoir dû appartenir autrefois à la balustrade d'un lit d'apparat, et le chenil avait pour auge une ancienne cheminée de marbre très-rare, creusée grossièrement par quelque tailleur de pierre du voisinage. Du reste, rien d'essentiel ne manquait dans ces deux endroits, et si je trouvai les deux chevaux campés fièrement devant leur mangeoire vide, comme il y avait derrière eux un vieux bahut servant de coffre à avoine, il ne tint qu'à moi de croire qu'ils avaient déjà dévoré leur picotin.

— Tout cela me paraît à merveille, dis-je au baron, et il me semble impossible que vous ne soyez pas tout particulièrement protégé par saint Hubert, par le soin que vous prenez de vos compagnons de chasse... tant de sollicitude pour eux et d'indifférence pour vous, c'est vraiment superbe !

Peu de minutes après, menant encore nos chevaux par la bride, nous descendions le mamelon au pied duquel nous attendait Marcassin avec sa petite meute, impatiente et farouche jusqu'à avoir l'aspect féroce.

Je soupçonnai vaguement qu'elle avait faim, et que la chasse ayant été retardée à cause de moi, son déjeuner se trouvait aussi en retard.

Marcassin prit les devants avec elle dès que son maître lui eut dit de quel côté il voulait chasser, et il se mit à marcher si vite, que nous fûmes obligés de prendre le grand trot pour le suivre.

Nous découplâmes peu après dans un petit bois d'une dizaine d'arpents, entouré de toutes parts par la lande dont j'ai parlé, et à peine les chiens y furent-ils entrés, qu'ils se mirent à rapprocher chaudement avec des voix magnifiques, faisant ainsi mentir le dicton des piqueurs ivrognes : *que ventre plein sonne bien.* Presque aussitôt la fanfare de Marcassin nous annonça que c'était lancé, et elle n'était pas finie encore, que le lièvre sautait en plaine à vingt pas de nous.

— C'est un bouquin, me dit le baron, nous aurons une jolie chasse.

Et nous voilà partis au galop à la suite de la meute, qui était sortie du bois presque en même temps que le gibier.

Je compris alors que si le pauvre châtelain de Roc-Libre menait, sous beaucoup de rapports, une existence plus que sévère, comme veneur il ne devait vraiment avoir rien à désirer.

Ses deux chevaux étaient d'une vigueur, d'une légèreté et d'une adresse sans pareille; il n'y a réellement pas trop d'exagération à dire qu'ils couraient aussi vite que le vent, et j'ajouterai que pour franchir les obstacles, soit en largeur, soit en hauteur, ils l'emportaient sur tous les hunters fameux que j'avais admirés depuis près de trente ans que je chasse. Quant aux chiens, ils étaient peut-être plus extraordinaires encore, puisque à la rapidité de la course ils joignaient d'autres mérites beaucoup plus rares à rencontrer.

Tout en dévorant l'espace avec une vélocité dont je n'avais jamais vu d'exemple jusqu'alors, ils fournissaient autant de voix que les bassets les plus lents, et devant eux il n'y avait pas de défaut possible, car ils tenaient presque toujours leur animal à vue quand il n'était pas sous bois. Au bout de quarante minutes, sans que nous eussions cessé un seul instant de nous maintenir, le baron et moi, derrière ces enragés, le bouquin fut pris, comme il revenait à son lancer, ce qui fit que Marcassin se trouva aussi à l'hallali, à à sa grande satisfaction.

— Mon garçon, lui dit mon hôte, nous dérogerons aujourd'hui à nos usages... Lève le pied droit et offre-le à M. le Marquis.

Puis, se tournant vers moi, il ajouta à voix basse :

— Ordinairement nous supprimons cette cérémonie pour ne pas faire tort d'une patte à mes pauvres chiens; mais je suis sûr qu'ils sont si flattés d'avoir chassé pour vous, qu'ils ne s'en apercevront même pas.

Je payai *mon pied* d'une belle pièce de vingt francs toute neuve, que Marcassin contempla avec autant de stupéfaction qu'en montrerait un paysan des Landes en regardant le grand Mongol sur son trône de pierres précieuses, et le bouquin, consciencieusement partagé en douze morceaux, fut avalé comme autant de pilules par les chiens.

Le baron, du haut de son cheval, regarda le soleil, et, avec l'aplomb d'un homme qui est accoutumé de longue date à ne pas consulter d'autre pendule, il s'écria d'un ton joyeux :

— Nous avons encore le temps d'en prendre un autre pendant que Rose prépare le dîner. Allons, Marcassin, retournons au petit bois.

Chemin faisant, mon hôte m'expliqua que ce petit bois était le véritable garde-manger de son équipage. Toutes les fois qu'il ne chassait pas le chevreuil, c'était là qu'il découplait, et jamais le résultat ne se faisait

longtemps désirer, ainsi que j'en avais déjà eu la preuve
et comme j'allais l'avoir encore.

Ce second lancer ne se fit même pas attendre autant
que le premier, quoiqu'il eût été très-prompt, comme
on l'a vu ; mais nous tombâmes sur un autre bouquin
beaucoup plus robuste et plus rusé que son camarade,
et je suis convaincu qu'une meute ordinaire aurait eu
bien de la peine à en venir à bout. Il nous fallut donc
près de cinq quarts d'heure pour le prendre, et ce que
nous fîmes de chemin pendant ce laps de temps, toujours allant et venant aux environs du petit bois, auquel le lièvre retournait toujours, est vraiment prodigieux. Je n'ai jamais vu tant ni de si rapides hourvaris
en une seule chasse.

Ce bouquin mangé ou plutôt avalé en un clin d'œil,
sans que cette fois le pied m'eût été offert, le baron me
proposa d'en chasser un troisième et même un quatrième, m'assurant que ses chiens étaient encore capables de les forcer facilement ; mais la journée s'avançait et je demandai à mon hôte de vouloir bien me ramener au château, d'où je repartirais pour Vitré dès
que ses deux vaillants chevaux auraient pris le repos
dont ils devaient avoir besoin.

Si je l'avais osé, au lieu d'accepter le dîner du baron
ainsi que cela avait été convenu, je l'aurais emmené
à l'auberge de Vitré, où nous aurions continué notre
connaissance à table, car j'avais comme un vague
instinct que son invitation le mettrait dans un grand
embarras ; mais la crainte de le blesser me retint,

et je laissai les choses suivre leur cours naturel.

Quand nous entrâmes dans la salle du manoir où j'avais été reçu dans la matinée, je vis qu'on y avait fait quelques dispositions de festin. La table chancelante disparaissait sous une nappe grossière, mais d'une irréprochable blancheur, et les pièces de poterie commune avaient quitté le dressoir pour figurer là en compagnie d'une cruche de grès pleine de cidre nouveau et d'une corbeille remplie de ces prunes de qualité inférieure qu'on ne donne qu'aux plus immondes animaux de basse-cour.

Rose achevait ces modestes préparatifs lors de notre arrivée, et il me suffit d'un regard jeté sur elle pour me convaincre que ma présence ne lui causait pas autant d'effroi que quelques heures auparavant. J'en augurai que ce *Caleb* en jupons était parvenu à organiser un repas convenable dont l'amour-propre de son maître n'aurait pas trop à souffrir.

Si telle était la cause de sa bonne humeur, il faut convenir que la pauvre femme se contentait de peu, et que d'habitude le baron mangeait son pain de seigle tout sec.

Après des allées et des venues sans fin, on nous servit successivement une soupe à l'oignon où le beurre ne tenait pas une grande place, un quartier de lard rance sur des choux verts et une fricassée de citrouille au lait caillé.

Le cidre nouveau sentait le moisi, et sur dix prunes que j'ouvris, il y en avait neuf au fond desquelles se tordait agréablement un petit ver brun foncé, agile comme une vipère.

Voilà pourtant ce qui avait ramené la sérénité sur le front de Rose.

Le baron me fit les honneurs de ce menu primitif avec une grâce charmante et une aisance parfaite, et comme il m'avait dit un mot le matin de son pauvre ménage, il eut le bon goût de ne pas revenir sur ce sujet. Moi, à l'exception des prunes véreuses, je ne fis le difficile pour rien, et ce fut avec le plus imperturbable sérieux que je remerciai la cuisinière, en lui mettant deux pièces de cent sous dans la main, de m'avoir si bien réconforté à mon retour de la plus belle chasse que j'eusse faite de ma vie.

Le soleil se couchait lorsque nous entrions à Vitré, le baron et moi. Ma voiture était depuis longtemps à l'auberge, et mon domestique m'attendait sur le seuil en compagnie de Marcassin, venu là pour ramener son cheval.

Quand le moment de la séparation sonna par les grelots de mes chevaux de poste, je tirai mon nouvel ami dans l'embrasure d'une fenêtre, et je lui demandai à voix basse, en lui pressant chaleureusement les deux mains, s'il n'y avait rien que je pusse faire pour lui être agréable.

Et je murmurai plus bas encore l'offre d'un cheval de race limousine, pour laisser reposer quelquefois celui qu'il montait tous les jours.

— Il aurait trop de peine à s'habituer au régime de

mon écurie, répondit-il avec un sourire mélancolique. Mais me permettez-vous de vous faire une autre demande ?

— Tout ce que vous voudrez !

— Eh bien ! ma trompe n'en peut plus, et quand j'ai sonné trois ou quatre requêtes avec elle, je crache le sang à pleine bouche... Vous voyez, ajouta-t-il avec une bonhomie charmante, que j'en use sans façon avec vous.

— Et vous faites bien, morbleu ! m'écriai-je. Vous aurez une trompe pour vous et une pour votre piqueur... Est-ce tout ce qu'il vous faut ? ne vous gênez pas, je vous en conjure.

Il réfléchit un moment, et voici mot pour mot la réponse de ce pauvre diable qui se laissait avoir faim pour pouvoir continuer à chasser comme chassaient ses pères :

— Mais en vérité, je ne vois pas qu'il me manque autre chose.

XI

LE GLORIEUX

Je l'appellerai **Tuffière** pour lui être agréable, car, autrement, il serait beaucoup plus naturel de le désigner sous le pseudonyme de Turcaret, attendu que c'est un nouveau riche, ce que l'on nommait autrefois, alors que l'espèce était bien plus rare que de nos jours, un parvenu.

Notre homme, une fois arrivé à la belle position de millionnaire solide, s'est d'abord gratifié d'une particule, bien que son nom n'y prêtât guère; il a pris ensuite des armoiries flamboyantes où les règles héraldiques sont quelque peu violées, et enfin il s'est délivré à lui-même des lettres-patentes de vicomte, il y a de cela deux ou trois ans. Si Dieu lui prête vie et qu'aucune catastrophe financière ne le rejette dans la foule des simples mortels, il est capable de finir par être convaincu qu'il a eu les plus illustres ancêtres, semblable en cela à ce naïf sous-inspecteur forestier, qui disait en montrant son fils parvenu jeune aux plus hautes dignités du premier empire. — *Vous voyez bien ce gaillard-là? S'il avait seulement quarante mille hommes à sa disposition, il remonterait sur le trône de ses pères.*

Si le berceau de la famille de Tuffière n'est pas précisément caché dans la plus profonde obscurité de la nuit des temps, le nouveau vicomte a cependant le droit de soutenir que l'origine de sa race est complétement inconnue. Tuffière ne parle jamais de son enfance ni de sa jeunesse, et si quelque mal appris commet l'inconvenance de le questionner sur ce sujet délicat, il lui répond en faisant l'énumération de ses châteaux, de ses forêts, de ses hôtels et de ses valeurs mobilières, et la conversation en reste là, car, dans le siècle où nous vivons, on croit tout savoir d'un homme quand il vous a prouvé qu'il a beaucoup d'argent. Ceci est bien moins une critique de notre époque, qu'un fait que je constate en passant et qui ne sera démenti par personne.

Tuffière a paru pour la première fois à l'horizon d'un certain monde qui n'est ni la bonne compagnie ni la mauvaise, vers le milieu de l'hiver de 1854. On l'a d'abord vu, à l'Académie impériale de musique, dans une petite loge, du fond de laquelle — c'était une avant-scène — il lorgnait les plus jolis tibias du corps de ballet, avec le confiant aplomb d'un homme qui a dans sa poche le *nerf de la guerre* que l'on peut faire dans ces parages. Plus tard, pendant les belles journées de mai et de juin, alors que les Champs-Élysées et le bois de Boulogne sont dans toute leur splendeur printanière, on a encore remarqué notre vicomte, tantôt monté sur un délicieux hack bai-brun, et tantôt nonchalamment étendu sur les coussins moëlleux d'une magnifique calèche du carrossier le plus à la mode, traînée par un superbe attelage gris-pommelé, que les connaisseurs n'estimaient pas moins de douze mille francs. Il en fut encore de même aux courses de Versailles et de Chantilly, où Tuffière, dès le début, se mit à parier avec le sang-froid imperturbable d'un vieil habitué d'Ascot ou de Newmarket. Inutile d'ajouter que déjà à cette époque le nouveau sportman avait de nombreuses connaissances, voire même quelques chauds amis. En parlant de lui, il était reçu de dire — *ce cher vicomte* — et qui n'eût pas été en position de lui faire un petit salut amical de la main en le voyant passer, le lorgnon dans l'œil et la rose à la boutonnière, sur son hack ou dans sa calèche, aurait encouru le soupçon d'être un provincial fort peu au fait des célébrités parisiennes du jour.

C'est dans l'automne de cette même année 1854 que Tuffière a compris tout à coup qu'il ne manquait plus à sa gloire que la réputation de veneur illustre, et qu'il adopta la résolution de l'acquérir à tout prix. A peine cette idée se fut-elle emparée de son cerveau, qu'il forma le projet de la mettre à exécution dans le plus bref délai possible. Il commença par faire partir pour l'Angleterre un ancien officier de grade inférieur de la vénerie du roi Charles X, avec l'ordre de lui ramener les cent plus beaux chiens courants et les huit meilleurs chevaux qu'il pourrait se procurer dans les trois royaumes, sans regarder aucunement à la dépense. Pendant que cette importante recherche se faisait, lui passait chaque jour deux ou trois heures, dans un clos retiré de la butte Montmartre, en compagnie de l'un des plus habiles professeurs de trompe, et là, malgré ses quarante ans, son gros ventre, son haleine courte et sa face empourprée, il sonnait jusqu'à crachement de sang et extinction de souffle. Bref, il fit si bien de sa personne, et il fut si admirablement servi par les gens qu'il avait choisis pour le seconder, que le 15 décembre suivant il put convier une vingtaine de ses nouveaux intimes et cinq ou six inconnus à venir chasser le cerf et le sanglier dans le domaine quasi royal qu'il possède à quelques lieues de la ville de B... sur la lisère d'un de nos départements du centre.

Je dus à ma longue collaboration à tous les journaux et revues cynégétiques de notre temps, l'insigne honneur de recevoir une invitation de Tuffière. Elle était sur papier vélin avec d'élégantes gauffrures représentant des attributs de chasse du meilleur goût, et elle se terminait par l'offre gracieuse de deux chevaux pour tout le temps de mon séjour au château de G..., dans le cas où je serais démonté pour le moment.

Bien que j'eusse compris d'avance que c'était ma plume et non ma personne que notre parvenu invitait à la plantation de sa crémaillère cynégétique, je lui répondis que je me rendrais avec empressement chez lui pour l'époque indiquée; seulement, je pris envers moi-même l'engagement de laisser s'écouler au moins deux ou trois ans avant de lui procurer le plaisir de voir son nom imprimé tout vif dans un journal, avec force louanges emphatiques sur sa grande hospitalité, ses belles manières de gentilhomme, son charmant esprit et sa profonde science comme veneur. J'ai pour principe de ne faire l'éloge des gens riches que quand j'ai d'autres raisons pour les admirer et les aimer que leur fortune : n'est pas courtisan qui veut.

Sous l'empire de cette conviction que mon futur hôte ne m'avait invité, moi qu'il n'avait jamais vu, que pour être la trompette de ses élégances et de ses exploits, je me promis donc de ne le flatter d'aucune manière, et, pour commencer, je descendis à la porte de son splendide manoir, qu'encombrait une foule éblouissante de laquais en riche livrée, dans un costume des plus rustiques. De plus le véhicule qui m'avait amené avec mon modeste bagage semblait remonter au temps où Scarron décrivait dans son roman comique la grotesque voiture des comédiens de campagne du XVIIe siècle.

Toutefois, je suis obligé de convenir que Tuffière

supporta avec un sang-froid héroïque cette première
petite épreuve que je faisais subir à sa vanité. Lorsque
j'arrivai, il était dans son vestibule, recevant quatre
membres des plus distingués du Jockey-Club, qui
avaient quitté leur berline de voyage quelques secondes seulement avant l'instant où j'étais sorti de ma
carriole. Eh bien! le vicomte, je lui rendrai cette
justice, ne fit pas un accueil moins cordial à l'humble
voyageur qu'à ses hôtes beaucoup plus élégants, et
peu de minutes après, il m'installait lui-même dans
une des plus belles chambres de sa somptueuse demeure. Avant de prendre congé de moi, pour aller
remplir envers d'autres arrivants ses devoirs de châtelain courtois, il m'annonça que le dîner serait, suivant la mode importée en France par la haute aristocratie anglaise, pour les huit heures du soir.

Comme il n'en était que trois de l'après-midi, il
m'en restait encore cinq pour me reposer et procéder
à ma toilette

Alors même que la renommée ne m'eût pas déjà appris l'origine et les prétentions de Tuffière, les quelques moments que je venais de passer avec lui auraient
suffi pour me tout révéler. Il s'était montré parfaitement et même assez naturellement poli; il n'avait
pas laissé échapper une seule de ces phrases équivo-
ques qui trahissent plus souvent encore que les manières l'homme qui a enjambé d'un seul bond tous les
degrés de l'échelle sociale; ce que j'avais saisi au
passage du luxe de son habitation n'offrait rien qui

sentit le mauvais goût, et cependant on voyait que le
personnage était encore nouveau dans la richesse qui
l'environnait. Il avait de l'assurance plutôt que de
l'aisance, de la roideur plutôt que de la dignité, et les
paroles courtoises qu'il prononçait donnaient bien plus
l'idée du débit de l'orateur qui a appris son discours
que de celui qui l'improvise à la lumière nette et sûre
de l'inspiration. Tuffière, à l'époque dont je parle, était
un homme de quarante-quatre ans, de taille moyenne,
un peu épais de corps, et porteur d'une physionomie
intelligente et vive, qui n'avait dû exprimer que la jo-
vialité et l'amour du plaisir jusqu'à l'époque où le
tracas des grandes affaires lui avait donné quelque
chose de grave et parfois même de soucieux. Tout n'est
pas roses, — comme l'a dit le philosophe Bilboquet, —
pour l'homme qui veut faire à tout prix sa fortune rapidement. Il a d'abord la crainte de ne pas réussir, et
quand le succès l'a soulagé de celle-là, il est tour-
menté par les inquiétudes de la vanité, et souvent ces
dernières durent autant que sa vie. Eh bien! ces deux
phases distinctes de l'existence de tout parvenu avaient
laissé leurs traces sur le visage moitié épanoui et moitié contraint de notre vicomte. Ainsi, pendant que sa
bouche souriait, il y avait quelque chose d'anxieux
dans son regard, et dans le soin qu'il prenait de se
mettre sur le pied de la plus parfaite égalité avec les
personnes de distinction qu'il recevait chez lui; on entrevoyait le labeur de l'effort et le découragement du
doute. En parlant haut, en gesticulant avec désinvol-

ture, en se posant carrément comme l'homme qui a
depuis longtemps sa place marquée sur les gradins les
plus élevés de la hiérarchie sociale, il avait toujours
l'air de dire : — *Qui sait si ces gens-là qui me font des
politesses, ne me trouvent pas bien impertinent de me
considérer comme leur égal.* — Bien différent des *Mon-
dors* du xviiie siècle, que l'argent consolait de tout,
même du ridicule, et qui poussaient la bonhomie jusqu'à prêter par poignées leurs doubles louis aux grands
seigneurs besogheux dont la reconnaissance se formu-
lait le plus habituellement en railleries impitoyables,
notre vicomte aurait donné de bon cœur la moitié de
son immense fortune pour avoir la certitude que quelques-uns de ses nouveaux amis prenaient au sérieux
sa noblesse de fraîche date. Il dissimulait assez habi-
lement la secrète souffrance que lui causaient les incessantes piqûres de ce ver rongeur caché au plus
profond de sa vanité, mais pour peu que l'on eût de
pénétration, on avait bientôt deviné cette petite faiblesse, et en ce qui me concerne, je n'étais pas depuis
cinq minutes avec lui, qu'il ne me restait plus rien à
apprendre à cet égard.

. Vers les sept heures, et comme j'achevais de m'ha-
biller, afin d'être prêt au coup de cloche qui nous an-
noncerait que le dîner était servi, je vis entrer dans ma
chambre Alfred de Villandry, l'une des illustrations
les plus incontestables de notre vénerie française.
Alfred, que plusieurs d'entre vous connaissent, mes
chers lecteurs, est un garçon de beaucoup d'esprit,

qui prend son plaisir partout où il le trouve, et que jamais le respect d'un préjugé n'a empêché de se conduire à sa guise.

Il s'était donc lié avec Tuffière dès les débuts dans le monde de ce dernier, alors que beaucoup de gens hésitaient encore à se rapprocher de lui, et il possédait le personnage à fond depuis la première jusqu'à la dernière de ses vanités inquiètes. Ayant appris mon arrivée au château, il venait obligeamment me communiquer ses remarques, et compléter ainsi celles que j'avais déjà eu le temps de faire moi-même.

— Quel bon type vous allez avoir encore à peindre là, mon cher marquis, — me dit-il après m'avoir conté, avec la verve la plus charmante, une multitude de traits piquants sur les efforts surhumains que notre hôte avait faits depuis trois mois pour débuter avec éclat dans la vénerie contemporaine. — Mais, — ajouta-t-il après quelques instants de silence, — si vous vous moquez de lui, que ce soit de manière à ce qu'il ne puisse pas s'en apercevoir. Ce sera difficile, car sa gloriole est toujours sur le qui-vive; cependant, avec un peu d'adresse, vous pourrez en venir à bout.

— Soyez tranquille, je ne compte pas parler de lui, — répondis-je.

— Il se flatte bien cependant du contraire.

— C'est justement pour cela qu'il n'aura pas une seule ligne de moi, mon cher Villandry. J'ai parfaitement compris le motif de son invitation, à laquelle je n'avais nul droit, et, en l'acceptant, je n'ai entendu prendre aucun engagement tacite vis-à-vis de lui. Je viens au spectacle ; mais, que la pièce soit bonne ou mauvaise, je suis bien décidé à n'en pas rendre compte. Plus tard, si jamais je me sens en humeur de faire une galerie de portraits cynégétiques, dans laquelle les originaux auront tout naturellement leur place, j'y mettrai votre vicomte, mais pour le moment je ne veux ni me montrer ingrat en le raillant, ni paraître flatteur en lui donnant des louanges qui ne seraient probablement pas sincères.

— Votre silence vous en fera un ennemi mortel.

— Raison de plus pour me taire ; car alors il y a mille à parier contre un que mes éloges, si exagérés qu'ils fussent, ne le satisferaient pas.

— Si vous saviez cependant avec quelle bienveillance il parle de vos ouvrages.

— Qu'il n'a jamais lus.

— Pourtant, ce matin encore, il nous citait à déjeuner tout un passage de vos *Gentilshommes chasseurs*.

— Il pense que j'en ferai une nouvelle édition prochainement, et que son nom y figurera en toutes lettres. Je ne suis pas la dupe de ces petites ruses. C'est une lettre de change que sa vanité de parvenu tire sur ma vanité d'homme de lettres : je ne l'accepte pas, mon cher Villandry.

Soit que mon vieil ami Alfred fût venu de son propre mouvement, et par suite de sa bienveillance naturelle, solliciter de moi ce qu'il n'avait pu obtenir

·encore, soit qu'il eût été chargé par Tuffière de sonder mes dispositions à son égard, toujours est-il qu'il insista sur tous les tons pour me fléchir, jusqu'au moment où la cloche nous avertit qu'il était temps d'aller rejoindre au salon les autres invités de notre hôte.

Nous trouvâmes celui-ci dans un état d'épanouissement extraordinaire, évidemment causé par le contentement, d'ailleurs bien naturel dans sa position encore un peu équivoque, que lui faisait éprouver la certitude où il était maintenant que tous ses conviés, sans en excepter un seul, avaient répondu à son appel. Son visage souriait non-seulement par la bouche, suivant la coutume, mais encore par les yeux, par les narines et jusque par les rides que le tracas des grandes affaires avait prématurément creusées sur son front et à l'angle de ses paupières. Sa poitrine se gonflait d'orgueilleuse satisfaction comme celle d'un cygne qui tourne autour de sa compagne dans la saison des amours. Il ne marchait pas, il glissait, et aux mouvements onduleux de toute sa personne ronde, on eût dit qu'il se sentait porté sur un nuage, à l'imitation de ces dieux de l'Olympe que son regard avait dû rencontrer quelquefois à l'Opéra en cherchant les déesses. Jamais le spectacle de l'homme satisfait de son sort et surtout de lui-même jusqu'à l'ivresse ne s'était offert plus complet à mon esprit d'observation. Tuffière avait littéralement cessé d'être une créature humaine pour devenir un ballon prêt à s'envoler dans l'espace. Il ne songeait pas à *remonter sur le trône de ses pères*, il croyait naïvement y être assis encore et l'avoir toujours occupé. C'était bien le *Glorieux* dans toute sa vérité, et tel peut-être que jamais aucun peintre de mœurs ne l'avait contemplé avant moi.

Ce fut bien autre chose encore quand nous passâmes dans sa salle à manger, véritable merveille étincelante d'un bout à l'autre d'argent, d'or, de porcelaines et de cristaux vraiment splendides. Vue à la clarté magique des lustres chargés de bougies, la face du vicomte me parut prête à éclater comme une grenade trop mûre. Il humait avec délices l'exquise vapeur des mets, que les deux maîtres d'hôtel venaient de découvrir avec une gravité respectueuse ; il nommait d'une voix vibrante ses convives, en appuyant sur les titres dont ils étaient tous pourvus de façon ou d'autre, et quand il s'assit le dernier, en maître de maison bien appris, ou plutôt bien renseigné, le regard de voluptueuse satisfaction qu'il promena autour de la table traduisit clairement cette secrète pensée de son orgueil. — *Vicomte, voilà pourtant les amis !*

. Pendant le dîner il ne fut question que de chasse, et je dois dire que Tuffière, tout frais émoulu de ses études cynégétiques, n'en parla pas plus mal que les doctes de la compagnie. Au dessert, conformément à l'usage établi dans quelques châteaux célèbres pour leur élégance — le vicomte ne l'ignorait pas — on fit venir le premier piqueur, superbe gaillard en livrée rouge, et Tufhière lui donna, en notre présence et en prenant nos avis, ses ordres pour la journée du lendemain. Si un génie comme Molière eût assisté à cette scène, que je me sens pas de force à décrire, il en eût tiré un immortel chef-d'œuvre.

— Eh bien ! marquis, tout cela ne vous tente pas ? — me dit Villandry qui s'était emparé de mon bras pour retourner au salon.

— Je le raconterai sans doute ; mais sans désigner le personnage par son nom. Ne pensez-vous pas que c'est la meilleure manière de reconnaître sa gracieuse et magnifique hospitalité ?

— Il y aurait cependant moyen de poétiser ses ridicules.

— C'est possible, mais c'est ce que je ne veux pas faire, parce que ce serait m'en rendre complice.

Le vicomte, qui nous rejoignit en ce moment, mit fin tout naturellement à cette nouvelle tentative de Villandry, qui, du reste, ne revint plus à la charge.

La soirée s'écoula gaiement, ainsi qu'il arrive toujours lorsque de bons compagnons se sont réunis pour chasser, dans un lieu où il n'y a pas de maîtresse de maison pour les obliger à être graves, et elle se prolongea jusqu'à une heure assez avancée, grâce à un lansquenet de haut goût, durant lequel le châtelain perdit galamment une quarantaine de billets de banque, que les jeux de bourse avaient peut-être fait sortir des poches où ils rentraient. J'assistai en simple spectateur à cette formidable partie, et mon oisiveté me permit de découvrir le premier un nouveau trait de fastueuse vanité de notre *glorieux*. Sur la cheminée du ravissant petit salon où l'on jouait, la pendule avait été remplacée par une merveilleuse coupe en porcelaine de Chine remplie jusqu'aux bords de pièces d'or toutes neuves et brillantes comme des paillettes. Ce trésor était à la disposition de tous les joueurs malheureux, qui y pouvaient puiser sans autre obligation que celle d'inscrire leurs noms et le chiffre de la somme prise sur d'élégantes tablettes placées à côté de la coupe.

II

Les bois dépendants de la belle terre de G..., dans lesquels nous devions chasser, étaient presque complétement dépourvus de gros gibier lorsque le vicomte en était devenu possesseur, un peu moins d'une année auparavant; mais ils avaient été largement repeuplés depuis quelques semaines, au moyen de cerfs, de sangliers et de chevreuils amenés à grands frais du grand-duché de Bade et des îles du Rhin, ces inépuisables pépinières de fauve qui sont la ressource suprême de la moitié des veneurs de la France, de l'Angleterre et même de certaines contrées de l'Allemagne.

Ces animaux, élevés en quelque sorte dans une demi-domesticité, et qui n'avaient pas encore eu le temps de se familiariser avec les diverses habitudes de la vie sauvage, ne s'éloignaient guère des cantons des bois dans lesquels on les avait lâchés lors de leur arrivée dans le pays, et comme on les voyait sans cesse rôder sous les futaies qui avoisinaient le château, on savait d'avance que les valets de limier de Tuffières n'auraient pas beaucoup de peine d'en rencontrer quelques-uns sans étendre bien loin leur quête matinale.

Il résultait de cette circonstance, très-connue de notre hôte et de ses gens, qu'il n'y avait aucune nécessité pour nous ni de nous lever de grand matin, ni de déjeûner à la hâte, les yeux voilés de sommeil et l'estomac encore engourdi, ni de monter à cheval la bouche pleine. Le rendez-vous avait été fixé à la salle à manger du château pour dix heures précises, et le départ indiqué pour midi.

Accoutumé de longue date à quitter, dans cette saison de jours écourtés, mon lit dès les premières lueurs de l'aurore, je sortis de mon appartement longtemps avant que mes voisins eussent bougé chez eux, et il me fallut descendre jusque dans les salons où nous avions passé la joyeuse soirée de la veille pour trouver deux ou trois domestiques debout, la brosse, le plumeau ou le balai à la main.

Conduit par l'un d'eux, à qui j'avais exprimé le désir de visiter les parties du château que je ne con-

naissais pas encore, je me mis à parcourir successivement la bibliothèque, la chapelle et les cuisines;
puis, étendant peu à peu mon excursion, je poussai
jusqu'aux communs, tels que le chenil, les écuries et
les serres; enfin je terminai cette longue et minutieuse exploration par le parc, création plus récemment terminée encore que toutes les autres, dans laquelle l'art moderne d'improviser des jardins féeriques
avait préludé aux prodiges qu'il devait enfanter plus
tard au bois de Boulogne, cet affreux désert de sable
et de broussailles transformé d'un seul coup de ba-
guette en véritable Eden.

Je compris alors pour la première fois d'une façon
bien complète, ce que c'est que la puissance de l'or
entre les mains de l'homme qui ne recule devant aucune prodigalité pour la satisfaction d'un orgueil col-
lossal, longtemps condamné à la souffrance de désirs
stériles. Tuffière avait fait d'une habitation primitivement plus qu'ordinaire sous tous les rapports — suivant le dire de mon guide — un séjour vraiment enchanté. Il avait, ou du moins on avait trouvé pour lui
des sources jaillissantes là où l'on ne soupçonnait
pas même assez d'eau pour essayer de creuser une
humble citerne destinée à l'arrosage du potager; des
arbres gigantesques perçaient la nue ou étendaient
leurs longs bras dans l'espace sur les mêmes lieux
où, peu de mois auparavant, croissaient çà et là quelques maigres buissons. Sa bibliothèque, meublée
avec ce goût sévère qui convient à une retraite consa-

crée à la méditation et à l'étude, me parut, autant
que je pus en juger dans un examen rapide, composée
de livres aussi excellents que si le lettré le plus éclairé
eût été chargé de les choisir. Sa chapelle, dont la
construction avait été dirigée par l'architecte artiste
qui surveillait les travaux de restauration de la ca-
thédrale de Bourges ; sa chapelle pouvait rivaliser de hardiesse, d'élégance et de grâce avec les
plus beaux bijoux de pierre de la Renaissance. Ses
écuries et son chenil, où les bois les plus précieux
étaient mêlés aux marbres les plus rares, partout où
cette alliance était possible, ne renfermaient que des
animaux d'élite, tous brillants de cette apparence de
vigueur et de santé qui révèle la prodigalité intelligente du maître. Au milieu de décembre, les serres de
G... étincelaient de fruits mûrs et de fleurs épanouies.
Miracle plus grand encore, pour opérer toutes ces
transformations et tirer du néant toutes ces merveilles,
notre Plutus, dévoré du désir d'éclipser du premier
coup tous ses devanciers dans le luxe le plus extrava-
gant de notre époque, n'avait pas eu besoin d'une année entière. Il est permis de supposer que le sentiment du beau ne s'était pas développé en lui à partir
du jour où il était devenu riche ; mais évidemment,
avec l'aide de ses millions, il avait eu le talent de découvrir des gens, pauvres diables inconnus ou artistes
déjà célèbres, qui le possédaient au plus haut degré.

A dix heures moins quelques minutes, je me dirigeai
du parc, dont je ne pouvais m'arracher, vers la salle

à manger, située tout naturellement au rez-de-
chaussée du château. Plusieurs de mes compagnons y
étaient déjà réunis, et notre hôte ne tarda pas à venir
nous y rejoindre.

Il était, sans exagération, d'une beauté étourdis-
sante au premier coup-d'œil; mais il ne fallait pas
l'examiner bien longtemps pour découvrir qu'il ne
connaissait pas ce mot aussi fin que profond de notre
célèbre tailleur Humann, qui me disait un jour : —
*Monsieur, savez-vous pourquoi il y a tant de gens
riches mal mis? C'est qu'ils choisissent leurs habits au
lieu de choisir leur tailleur.* Tuffière, hélas! n'avait
consulté personne pour son costume, et avec son habit de drap écarlate à coupe prétentieuse et à boutons
en or pur curieusement ciselé, sa cravate longue de
satin bleu saphir, ornée sur le devant d'un solitaire
qui n'eût point déparé la couronne du Grand-Mogol,
son couteau de chasse à manche d'agathe, terminé
par un onyx rare représentant une tête de sanglier, il
donnait bien plus l'idée d'un acteur qui se dispose à
jouer un rôle, que d'un personnage véritable qui se
prépare à prendre un plaisir dont il a la longue habitude.

Quant à sa physionomie, l'épanouissement, s'il est
possible, en était encore plus complet que la veille.
Tout avait marché à souhait dans sa réception vraiment *princière*, et plusieurs d'entre nous, qui n'auraient pas osé le louer trop ouvertement en présence
de leurs camarades plus réservés, ne s'étaient pas fait

faute de lui prodiguer les coups d'encensoir pendant les petites visites qu'il avait faites à chacun dans sa chambre, avant l'heure de la réunion générale à la salle à manger. Proclamé ainsi à huis-clos le plus gracieux et le plus élégant châtelain de l'époque, il ne lui restait plus qu'à être qualifié d'une façon aussi louangeuse comme veneur, et il avait dépensé tant d'argent et pris tant de peine pour en arriver là, qu'il aurait cru manquer de respect à l'or, son dieu, s'il eût conservé le moindre doute à cet égard.

De même que la veille, il ne parut nullement choqué du sans-façon de ma tenue, que l'éclat de la sienne et la parfaite élégance de celle de ses hôtes devaient faire paraître plus choquante encore. J'avais, pour cette circonstance solennelle, exhumé de la malle où il languissait depuis dix-sept ans, un vieil uniforme de *Rallie-Bourgogne*, qui n'était déjà plus de la première fraîcheur lorsque nous avions pris notre retraite l'un portant l'autre. Le drap en était râpé sur le bord de toutes les coutures, le velours cramoisi du collet et des parements avait contracté une teinte douteuse dans laquelle on eût vainement cherché à reconnaître la couleur primitive de l'étoffe, et le ceinturon mi-partie argent et or qui supportait mon couteau de chasse à double tête de sanglier avait poussé au noir d'une façon déplorable. Sans doute si, en ce moment, le vicomte eût complétement perdu l'espoir d'obtenir de moi un coup de *tam-tam* dans les journaux, il ne m'eût pas pardonné de venir faire ainsi tache au

15.

milieu de toutes ses somptuosités de moderne Crésus.

Il me donna pour la seconde fois la place d'honneur à sa table, et quand nous quittâmes la salle à manger pour nous rendre sur le perron, au bas duquel nos chevaux nous attendaient, il dit d'une voix vibrante à son chef d'écurie :

— William, faites présenter Mylord à M. le marquis de Foudras.

Puis, se tournant de mon côté, il ajouta en me saluant avec une courtoisie emphatique :

—Monsieur le marquis, c'est le diamant de mon écurie... Je ne vous parle pas de ce qu'il me coûte, mais j'en ai déjà refusé cinq cents guinées à plusieurs reprises.

Je m'inclinai à mon tour, en jetant à la dérobée un coup d'œil à Villandry, comme pour lui faire comprendre que toutes ces grâces n'étaient pour moi que la suite obligée et prévue de ses sollications à lui, et j'enfourchai sans scrupule le *cher* Mylord, qui était effectivement un des plus magnifiques animaux de son espèce que j'eusse jamais vus.

Quand nous eûmes franchi à un pas majestueux, et le vicomte à notre tête, la grille dorée qui séparait la cour d'honneur du parc, nous aperçûmes sur le bord d'une vaste pelouse, dont la surface verdoyante et veloutée se déroulait à perte de vue devant nous, le superbe équipage du châtelain de G...

Il y avait cinquante couples de chiens, tous de la plus haute taille et de la même robe. Ils étaient si pareils, du bout de la queue à l'extrémité du museau, que l'on eût dit que tous les cent avaient été coulés dans le même moule. Six valets de chiens, la trompe à la bouche, se tenaient immobiles sur le front de cette troupe d'élite; le piqueur en chef en occupait la droite, et son second la gauche.

Mon premier mouvement, à la vue de ce spectacle imposant, fut de pousser un cri d'enthousiasme, malgré ma ferme résolution de revenir de chez Tuffière sans l'avoir flatté. Comme scène de chasse, le tableau manquait de réalité à force de perfection, mais le premier aspect était saisissant, et l'on vient de voir que je n'avais pas su me défendre de son prestige.

Les trompes entonnèrent une fanfare que je ne connaissais pas, et le vicomte, se penchant à mon oreille, me dit que c'était la *Tuffière*.

— Elle a été composée en mon honneur, ajouta-t-il en se rengorgeant dans sa cravate bleue, par notre grand artiste Vivier, le premier cor du monde, comme vous savez peut-être.

Sans quitter la pelouse, que nous traversâmes lentement, pour ne pas nous séparer de la meute et des hommes à pied, et former ainsi un plus beau cortége, nous atteignîmes les bois, sur la lisière desquels nous attendaient quatre hommes de la vénerie du vicomte, ayant chacun un limier à la main.

Chacun aussi avait à nous signaler plusieurs animaux de facile attaque et remis dans des enceintes peu éloignées du point où nous nous trouvions.

Il ne s'agissait plus que de choisir, et pour le faire

en toute connaissance de cause, comme un veneur consommé, notre hôte interrogea successivement ses
quatre valets de limier, afin d'obtenir d'eux des détails
plus complets que ceux qu'ils avaient donnés d'abord.

Il faudrait le pinceau habile et la riche palette de
l'immortel Saint-Simon pour peindre le sérieux à la
fois imposant et grotesque avec lequel notre *Glorieux*,
accoutumé à n'entendre que des comptes-rendus de
bourse faits par des courtiers marrons, écouta les rapports de ses gens. N'ayant pas cette ressource à ma
disposition, je passe sous silence cette scène du plus
haut comique.

Tuffière se décida pour un très-vieux dix-cors, qu'un
juif de Francfort avait vendu fort cher à son agent, en
lui fournissant des certificats qui établissaient que ce
Nestor des forêts avait été chassé en 1815 par les sou-
verains coalisés. Il était connu, suivant cette légende,
sous le nom de cerf de la *Sainte-Alliance* dans les bois
de G...

— Messieurs, nous dit le vicomte du haut de son
cheval, je n'ai rien de mieux à vous offrir qu'un animal qui a servi à distraire de leurs soucis trois grands
monarques. J'espère que vous voudrez bien vous en
contenter.

Le buisson où le cerf de la *Sainte-Alliance* avait été
remis n'était plus qu'à une petite distance, de sorte
que nous fûmes très-promptement rendus à la brisée
de celui des quatre valets de limier qui l'avait détourné.

Pendant que Tuffière mettait pied à terre pour aider ses gens à découpler la meute suivant tous les préceptes de l'art de la vénerie, tels qu'il les avait lus tout récemment dans les meilleurs auteurs, je dis à voix basse à mon ami Alfred :

— Il n'y a rien à critiquer dans la mise en scène, mon très-cher ; mais je crains que la pièce ne soit médiocre et le principal acteur détestable.

— De qui voulez-vous parler ?

— Du cerf, parbleu ! Ce prétendu dix-cors qui a vu les armées de la coalition passer et repasser quatre fois le Rhin en moins de dix-huit mois, me fait l'effet d'une mystification. Je parie tout ce qu'on voudra que c'est quelque pauvre échappé d'un cirque quelconque, où il jouait dans la conversion de Saint-Hubert ou dans la découverte de Geneviève de Brabant, et nous devons nous attendre, lorsque les chiens l'attaqueront, à le voir se dresser sur ses pieds de derrière pour nous regarder, au lieu de se mettre à fuir résolûment devant nous, et de nous procurer ainsi une véritable chasse, digne en tout point de veneurs aussi distingués que ceux qui sont rassemblés ici.

— Ah ! mon Dieu ! s'écria mon interlocuteur en quittant les rênes de son cheval pour lever les mains au ciel, vous me faites frémir, mon cher marquis !

— Et pourquoi ? je vous prie. Ce serait, au contraire, très-drôle. En chasse comme en amour, la nouveauté, alors même qu'elle est un peu grotesque, a toujours du charme.

— Ne le croyez pas dans cette circonstance... Si l'orgueil de notre hôte subissait un échec semblable à celui que vous prévoyez, après toutes les précautions qu'il a prises pour débuter en maître dans le noble déduit de la vénerie, il n'aurait pas la force de survivre à cette humiliation.

— Quelle folie!

— Ne riez point, mon cher. Un des hommes des temps passés qu'il admire le plus et qu'il comprend le mieux, prétend-t-il, c'est Vatel : humilié comme lui, il voudrait imiter sa mort.

Je ne pus m'empêcher d'accueillir par un formidable éclat de rire cette lugubre bouffonnerie, bien que Villandry l'eût débitée avec une gravité triste qui pouvait faire croire qu'il la prenait au sérieux.

J'aurais très-probablement adressé d'autres questions encore à Villandry sur les nombreuses singularités du vicomte, si, en ce moment même, les premiers chiens découplés ne se fussent mis à rapprocher assez chaudement pour me donner l'espoir qu'ils auraient lancé tout de bon d'ici à quelques minutes.

Fort curieux, je l'avoue, de voir par corps, avant tous mes compagnons, le fameux cerf de la *Sainte-Alliance*, je poussai, sans rien dire à personne de mon dessin, mon cheval sous les gaulis, et quand j'eus atteint le point vers lequel l'équipage semblait se diriger, avec une ardeur toujours croissante, je me mis en observation dans un endroit où ma vue pouvait,

sans trop de difficulté, percer la fourrée à une centaine de pas à la ronde.

J'étais là depuis quelques instants, et déjà cinq ou
six chiens de tête rôdaient autour de moi, fouillant
chaque buisson et remplissant l'air de leurs cris
joyeux, lorsque je vis bondir, presque sous les pieds
de Mylord, impatient et effrayé, l'animal que nous
quêtions. C'était bien un dix-cors, ma foi ! et même de
la plus majestueuse prestance. Sa tête blanchie et ornée d'une ramure d'une dimension phénoménale annonçait bien qu'il devait avoir dépassé de beaucoup
l'âge ordinaire de ses pareils, mais la puissante am-
pleur de ses formes et la légèreté de ses mouvements
ne permettaient guère de croire qu'il eût bien réellement le quasi demi-siècle dont la tradition l'avait généreusement gratifié.

Je remarquai encore une chose en lui, c'est que le
bond qu'il fit pour s'élancer hors de sa *chambre*, lorsque l'avant-garde de ses ennemis en approcha, ne
trahissait aucun effroi. Le vaillant compère avait bien
plutôt l'air de partir pour une promenade agréable
que de commencer une lutte désespérée contre d'in-
placables adversaires.

La réjouissante fanfare du lancer résonnait de
toutes parts, répétée par les échos des vieilles futaies
d'alentour, et j'entendais le galop des chevaux de mes
compagnons retentir sur les cailloux des cavalières
qui croisaient en tous sens le canton de bois dans lequel je me trouvais. Je rendis alors la main à mon gé-

néreux *hunter*, qui frémissait sous moi, et je me pré-
cipitai de toute la vitesse de ses jarrets d'acier à la
suite de la chasse, dont les bruits divers arrivaient
déjà moins disinctement à mon oreille.

A partir de ce moment et contre mon attente, ainsi
qu'on a pu le voir par mon opinion exprimée à Villandry sur le compte du cerf de la *Sainte-Alliance*, j'assistai au plus prodigieux spectacle qui se puisse imaginer. Notre dix-cors, comme s'il eût obéi à un pro-
gramme arrêté d'avance, nous fit passer successivement par toutes les péripéties divertissantes et émou-
vantes auxquelles on peut s'attendre à la chasse dans
les jours que saint-Hubert protége et bénit d'une façon toute spéciale. Ruses multipliées et de qualité supérieure ; magnifiques débùchers à travers de grandes
plaines accidentées, qu'on eùt dit choisies tout exprès pour faire briller l'adresse et lá témérité des veneurs ; tentatives nombreuses de change qui mirent
en relief à plusieurs réprise la discipline parfaite de
la meute, sa sagacité et la science parfaite du piqueur
qui la dirigeait ; *bat-l'eau* d'un dramatique saisissant,
relancers inattendus, rien ne manqua, contre mon attente, j'en fais encore l'aveu, à cette solennité cynégétique organisée sur une si vaste échelle.

Fort occupé d'en étudier les phases diverses, car
il me semblait toujours qu'il y avait dans cette perfection même quelque chose qui n'était pas naturel,
je ne portai mon attention sur le vicomte qu'au moment où nous nous trouvâmes presque tous en même

temps réunis sur le bord d'un immense étang, que le
cerf venait de traverser à la nage pour aller tenir
l'hallali dans une petite île située au beau milieu de
la nappe d'eau, à cinq ou six cents pas de nous environ. Le site était des plus pittoresques, et la scène,
vivement éclairée par un beau soleil d'hiver, qui dé-
clinait vers l'horizon justement derrière l'île dont je
viens de parler, vraiment admirable.

Tuffière était radieux, l'expression n'est pas exagérée.
Ce n'est pas assez non plus de dire qu'il se croyait en ce
moment le plus fortuné de tous les mortels, car, après
avoir créé tant de prodiges, il devait se considérer comme
un dieu. La rougeur de ses joues et la vapeur enflam-
mée qui sortait de ses narines largement ouvertes,
lui formaient comme une auréole lumineuse autour du
front ; le souffle puissant de l'orgueil satisfait soulevait
sur son sein le revers de son habit écarlate, où scintillaient, comme autant d'étoiles, les boutons d'or
massif que mes lecteurs connaissent. Mon *Glorieux*
était arrivé à force de contentement de soi-même, à
une véritable transfiguration de toute sa personne, et
le rivage de cet étang devenait pour lui le Thabor.

Les félicitations ne lui manquèrent pas, comme il
est aisé de se le figurer, et, ma foi ! je joignis aussi
les miennes à celles de mes compagnons.

Nous n'étions cependant pas encore parvenus au
terme de tous les miracles enfantés par le génie in-
ventif et la prodigalité fastueuse de Tuffière.

J'ai dit qu'une nappe d'eau de cinq ou six cents pas

d'étendue nous séparait de la petite île où le dix-cors tenait les abois devant l'équipage dont nous entendions les cris retentissants.

Les fanfares du piqueur en chef et de son second arrivaient aussi distinctement à nos oreilles. Plus heureux que nous, ces deux personnages, parvenus les premiers sur le bord de l'étang, avaient trouvé une barque amarrée à un baliveau, et ils s'en étaient servis pour suivre leurs chiens, au milieu desquels ils se trouvaient maintenant.

Une semblable ressource nous manquait, du moins nous devions le supposer, car nos regards n'apercevaient aucune autre barque sur toute la surface de l'étang.

— Quoi ! nous perdrions le dénouement de cette chasse à nulle autre pareille ! — s'écria Villandry ; que je soupçonnai plus tard d'avoir joué le rôle de compère dans cette circonstance.

— Messieurs — s'écria à son tour le bouillant comte de P... — si vous êtes sûrs que vos chevaux nagent bien, je vous donnerai volontiers l'exemple de lancer le mien dans cette belle eau transparente qui ne me paraît pas...

— De grâce ! pas de folies, mes nobles hôtes ! — interrompit Tuffière d'une voix retentissante.

— Mais, cher vicomte, — reprit Villandry, — il y va de notre honneur et du vôtre que cet animal ne succombe que de la main d'un de nous, et le seul moyen est celui que vient de proposer notre intrépide ami, le comte de P... Pour ce qui me regarde, je suis prêt à faire le plongeon à côté de lui.

— Et moi aussi ! Et moi aussi ! Et moi aussi ! — répéta-t-on de toutes parts.

En ce moment le vicomte porta sa trompe à ses lèvres, et un formidable appel nous fit tous tressaillir sur nos chevaux.

Il n'était pas terminé encore, qu'une petite flotille débouchait d'une espèce de crique située sur notre gauche, et dont la vue nous avait été masquée jusqu'alors par un épais rideau d'arbres verts.

Les huit ou dix barques qui la composaient étaient d'une rare élégance et pavoisées du haut en bas de flammes de soie des couleurs les plus éclatantes.

Elles se dirigeaient vers nous à force de rames, saluées par nos cris de joie, et, en quelques minutes, elles vinrent se ranger devant le point du rivage que nous occupions.

Comme nous nous étions hâtés de mettre pied à terre et d'attacher nos chevaux pendant qu'elles approchaient, nous n'eûmes qu'à nous précipiter tumultueusement dans ces charmantes embarcations, et c'est ce qui fut bientôt fait.

Rien de plus poétique que notre petite traversée, durant laquelle nous échangions sans relâche la réjouissante fanfare de l'hallali debout avec les deux piqueurs qui nous avaient précédés dans l'île, que nous atteignîmes bientôt à notre tour.

Avez-vous vu quelquefois, ami lecteur, une de ces

grandes et belles toiles de Jadin, représentant un hallali de cerf? Tout est là d'une imitation parfaite, d'une vérité saisissante, et cependant il n'y a pas moyen de se faire illusion, ce n'est que de la peinture qu'on a devant les yeux.

Eh bien le spectacle qui nous attendait était un véritable tableau de Jadin.

Le dix-cors, retranché jusqu'aux épaules dans de vigoureux arbustes aquatiques, présentait sa tête superbe et menaçante à la meute rangée en demi-cercle autour de lui.

Debout sur deux monticules de sable, placés à droite et à gauche de la scène que je viens de décrire, le piqueur en chef et son second appuyaient leurs vaillants chiens de la trompe et de la voix.

Chose bizarre, et qui me frappa malgré la magic du tableau qui fascinait mes regards, le sang n'avait coulé encore ni d'un côté ni de l'autre.

Le cerf jouait merveilleusement de ses redoutables andouillers sans s'élancer en avant pour frapper, et les chiens répondaient à ses provocations par des hurlements furieux, sans chercher toutefois à le saisir par les flancs, les jarrets et les daintiers, pour essayer de le porter bas.

Lorsque nous fûmes tous rangés en seconde ligne derrière l'équipage, le premier piqueur se découvrit respectueusement et dit à Tuffière :

— Monsieur le vicomte veut-il bien désigner un de

ces messieurs pour servir d'un coup de carabine cet animal qui est sur ses fins ?

— A *tout Seigneur tout honneur !* — s'écria notre hôte ; — c'est à vous M. le duc de T..., que revient celui de terminer glorieusement cette journée.

Le duc de T... ajusta au-dessus de l'œil le cerf de la *Sainte Alliance*, et la pauvre bête, qui paraissait dans une sécurité complète, s'affaissa sur elle-même comme si la foudre l'avait atteinte.

Toutes les cérémonies de la mort, de la curée et du retour au logis se firent suivant les us et coutumes de la vieille vénerie française. Feu Louis XVIII lui-même, quoiqu'il fût un des premiers pédants de son royaume en fait de chasse, n'y eût trouvé rien à reprendre.

Le lendemain, ma carriole me ramenait à B... ou je devais prendre le chemin de fer pour revenir chez moi.

Le hasard me plaça dans le même wagon avec un personnage que je reconnus tout de suite pour être un maquignon ou quelque chose d'approchant.

Il avait beaucoup voyagé, connaissait, comme on le dit vulgairement, Dieu et le diable, et savait uue multitude d'anecdotes, qu'il vous débitait avec un accent de juif alsacien très-prononcé.

Il se rappela m'avoir vu, il y a quelque vingt ans, chez les marchands de chevaux des Champs-Élysées, et cela acheva de le mettre en confiance avec moi.

Quand il sut que je venais de chez Tuffière, il m'adressa une foule de questions qui prouvaient toutes qu'il était fort au courant de ce qui se passait chez notre millionnaire. Je répondis à tout de mon mieux jusqu'à ce qu'il me dit :

— Et ce pauvre Coco, monsieur le marquis, pouvez-vous m'en donner des nouvelles ?

Ma physionomie lui montra sans doute que je ne comprenais pas de quel genre d'animal il voulait parler, car il ajouta aussitôt :

— C'est le cerf qui a dû figurer à votre chasse d'ouverture. C'est moi qui l'ai vendu à monsieur le vicomte. Je n'ai jamais vu une bête plus intelligente que celle-là.

Je lui annonçai la fin tragique du pauvre Coco, et lui m'apprit que le prétendu cerf de la *Sainte-Alliance* n'était pas autre chose que le principal acteur d'un cirque qui avait fait le tour de l'Europe en montrant entre autres choses le spectacle d'une grande chasse à courre.

Tuffière avait payé pour cet animal le prix que l'on donne pour le plus magnifique cheval anglais, et après de nombreuses répétitions, Coco avait été mis en état de nous donner la représentation vraiment extraordinaire à laquelle j'avais assisté la veille.

XII

LE NOMADE

Un sixième et dernier excentrique — le *Nomade* — va clore la petite galerie qui termine cette seconde série de mon histoire de la *Vénerie contemporaine*.

En 1846, par une brumeuse et froide matinée de la fin de novembre, je traversais à cheval l'arrondissement de C..., avec l'intention d'en étudier les principaux sites et de visiter les ruines d'un vieux manoir où je voulais placer la scène d'un de mes romans.

Je cheminais au petit trot sur la grande route, encaissée en cet endroit entre deux rangées de hautes collines, sur le flanc desquelles couraient de longues traînées de brouillard, lorsque mon oreille fut frappée du bruit de la marche d'une petite cavalcade qui, venant derrière moi à une allure beaucoup plus vive que celle de ma monture, devait nécessairement m'avoir bientôt rejoint.

Effectivement, quatre ou cinq minutes s'étaient écoulées à peine, que j'étais dépassé par deux cavaliers qui, bien que cheminant côte à côte comme des compagnons, me firent l'impression d'un maître voyageant avec son domestique.

Leurs chevaux, alertes et vigoureux dans leurs mouvements, avaient cette sécheresse de muscles qui révèle à l'observateur l'animal accoutumé de longue date à des fatigues à la fois rudes et soutenues. Ils n'étaient pas de très-haute taille, mais leurs membres me semblèrent merveilleusement proportionnés, et ils me rappelaient l'un et l'autre quelques-uns de ces vaillants enfants des prairies du Nivernais, que j'avais admirés, une dizaine d'années auparavant, dans nos belles chasses de Fours, et en particulier le fameux Morvandeau du comte Alexandre de Vitry, dont j'ai parlé ici et ailleurs.

Les cavaliers étaient évidemment des disciples de saint Hubert, car chacun d'eux portait la trompe sur l'épaule, le couteau de chasse collé à la hanche et la petite carabine dans une longue fonte posée sur le devant de la selle.

Le brouillard ne tarda pas à me cacher les voyageurs; pendant quelques instants encore j'entendis le reten-

tissement des fers de leurs chevaux sur les cailloux
dont la route était nouvellement chargée ; puis le bruit
s'évanouit dans l'espace comme l'apparition avait disparu elle-même dans la brume, et je me mis à penser
mélancoliquement à l'époque heureuse où, moi aussi,
j'allais, le cœur tout joyeux, gagner quelque rendez-
vous de chasse, la trompe en sautoir et un bon cheval
entre les jambes.

Deux heures après, j'arrivais dans la petite ville de
C..., où je devais passer cinq ou six jours, pour, de
là, explorer les environs et particulièrement le vieux
château qui m'attirait dans ce pays, peu fréquenté
d'ailleurs par les touristes.

Quand j'entrai dans la cuisine de l'auberge qui m'a-
vait été recommandée comme la meilleure de l'endroit,
je reconnus, debout devant la cheminée et le dos
tourné vers le foyer, l'un des deux voyageurs qui
m'avaient dépassé sur le grand chemin : c'était celui
dont je m'étais dit : Celui-là doit être le maître.

Il me fit courtoisement une place à côté de lui auprès
de l'énorme brasier, qui rôtissait en même temps les
mollets des hôtes passagers de l'auberge et les poulets
destinés à leurs repas, et nous échangeâmes quelques
phrases banales sur l'état de l'atmosphère, le mauvais
entretien des routes et la supériorité du froid sec sur le
froid humide, enfin toutes les niaiseries dont peuvent
trafiquer deux oisifs qui se retrouvent devant un bon
feu après s'être rencontrés au milieu d'une épaisse
brume de novembre.

16

Pendant cette conversation, que je ne crains pas de qualifier de stupide, l'aubergiste, le bonnet de coton sur l'oreille et le tablier retroussé sur le ventre, s'approcha de nous et nous demanda si nous voulions, l'inconnu et moi, déjeuner ensemble.

S'il m'eût adressé cette question à l'oreille, j'y aurais probablement répondu par un refus, mais, faite à haute voix, il n'y avait de possible qu'un consentement gracieux, et il fut donné en même temps de part et d'autre. On verra bientôt que je n'eus pas sujet de le regretter.

Nous passâmes donc, peu d'instants après, dans la salle à manger, qui était, selon l'usage, contiguë à la cuisine.

Je ne savais pas encore qui était mon futur compagnon de table, mais tout en lui annonçait l'homme qui n'a pas été jeté dans le moule commun d'où sort la grande masse du vulgaire. C'était un vigoureux compère d'une trentaine d'années, porteur d'une physionomie un peu rude qui plaisait à force d'être franche et résolue. Il avait une chevelure courte, rare et un peu crépue, des yeux noirs toujours largement ouverts, un gros nez recourbé du bout, et une bouche dont on apercevait toutes les dents jusqu'à la dernière, quand il l'ouvrait soit pour parler haut, soit pour rire aux éclats, ce qu'il faisait aussi volontiers l'un que l'autre. Sa voix était claire et vibrante, ses gestes brusques, et ses manières incultes, mais cordiales. Quant au reste de sa personne, il était taillé en force, alerte et robuste, absolument comme son cheval, dont j'ai dit quelques mots un peu plus haut.

Si j'avais été, ce jour-là, en disposition d'être communicatif, ainsi que cela m'arrive quelquefois, je suis sûr que l'inconnu, de son côté, se serait mis très-promptement à son aise; mais le brouillard a le triste privilége de me rendre taciturne, et nous étions déjà à plus de la moitié de notre déjeuner que je n'avais pas encore adressé à mon vis-à-vis une seule de ces questions qui témoignent une sorte de curiosité bienveillante pour la position sociale ou les projets des personnes auxquelles le hasard nous réunit pour la première fois.

Ce fut lui qui prit l'initiative de rompre la glace entre nous deux, en me demandant d'un ton déterminé qui semblait lui être habituel, ce qui m'amenait à C...

Je lui dis ce que mes lecteurs savent déjà, et il se trouva qu'il connaissait parfaitement le vieux château et tous les principaux sites que je venais visiter, afin de chercher à les bien graver dans ma mémoire avant de commencer le roman dans lequel ils devaient jouer un rôle.

— Alors, me répondit-il, nous nous rencontrerons peut-être encore, car il ne serait pas impossible que je tournasse demain matin mes pas du côté où vous allez vous-même... Je saurai cela quand mon domestique, que j'ai envoyé aux informations dans la ville sera de retour.

— Est-ce pour une partie de chasse que vous venez dans ce pays ? — repris-je.

— Oui et non.

Je ne pus m'empêcher de sourire de cette réponse, la plus ambiguë, à coup sûr, qu'il soit possible de faire, et mon interlocuteur, devinant ma pensée, se hâta d'ajouter :

— Quand je vous ai dit oui, cela signifiait que c'est bien le désir de chasser qui m'a mis en campagne, et si le mot non est sorti de ma bouche immédiatement après, c'est que je ne suis pas parfaitement sûr que mon désir pourra se réaliser demain.

— Vous n'allez donc pas à un rendez-vous arrêté d'avance?

— Eh ! non, morbleu !

— Vous avez du moins quelques renseignements vagues touchant la prochaine venue dans cette contrée de chasseurs de vos amis ?

— Pas davantage. Tout ce que je sais, c'est que les bois de cet arrondissement sont très-giboyeux, et que tous les ans, à pareille époque, plusieurs très-bons équipages viennent s'établir soit ici même, soit dans les villages des environs. J'avais entendu parler de cela pendant l'été de 1844, l'automne suivant, je me suis installé dans l'auberge où nous sommes, et en courant d'une meute à l'autre, j'ai passé une semaine vraiment délicieuse. Sept hallalis de suite, monsieur ! Ce que je n'aurais jamais pu faire si je m'étais servilement attaché à une seule réunion de veneurs.

Dés le commencement de cette dernière réponse de mon compagnon, je m'étais mis à prêter une attention beaucoup plus vive à ses paroles, et quand il eut fini de parler, je me promis intérieurement de ne pas le quitter sans obtenir de lui de plus amples explications sur sa singulière manière de se procurer le plaisir de la chasse.

Déjà mon imagination vagabonde de romancier voyait dans ma nouvelle connaissance une sorte de Don Quichotte de vénerie, à la recherche d'aventures cynégétiques, comme son illustre devancier courait l'Espagne à la poursuite d'aventures d'un autre genre.

Sur ces entrefaites, son domestique, qu'il avait envoyé à la découverte, ainsi que je l'ai dit, entra dans la salle à manger, et, dès qu'il l'aperçut sur le pas de la porte, il lui cria d'une voix retentissante :

— Eh bien ! mon brave La Verdure, quoi de nouveau ?

— C'est absolument comme il y a deux ans, monsieur Hubert. L'équipage de M le comte de L... arrive ce matin dans la petite auberge qui se trouve sur la *Bruyère des Fantômes*, et sa première chasse doit avoir lieu demain. Quant aux autres, il paraît qu'ils sont déjà tous réunis dans leurs différents gîtes de rendez-vous depuis deux ou trois jours. Par ainsi, nous aurons encore bien de l'agrément cette année.

L'inconnu, que je nommerai désormais M. Hubert ou Hubert tout court, puisque c'est le nom que son do-

mestique venait de lui donner, reprit en se tournant
de mon côté.

— J'avais bien raison de vous dire que probablement
nous ne tarderions pas à nous rencontrer une seconde fois. Le château que vous voulez voir est justement situé à l'une des extrémités de cette *Bruyère des
Fantômes* que La Verdure vient de nommer. Donc,
monsieur, si vous êtes toujours dans les mêmes dispositions de continuer votre voyage, demain matin,
nous pourrons faire route ensemble.

— Ma foi, je ne demande pas mieux! — m'é-
criai-je, — et je ne vous cache pas que si, chemin
faisant, je peux voir une attaque, un débucher rapide,
un relancer savant, enfin, un bout de chasse quelconque, cela me causera une véritable joie. Mon cheval
de louage n'est pas mauvais, et j'espère...

— Seriez-vous, par hasard, chasseur aussi? interrompit Hubert avec une vivacité singulière.

Et sa rude et franche physionomie s'anima tout à
coup d'une expression de curiosité bienveillante et
sympathique que je ne lui avais pas vue depuis près
d'une heure que nous étions ensemble.

Non-seulement je lui répondis d'une manière affir-
mative, mais encore, pour aller au-devant d'une nouvelle question, que je voyais déjà errer sur ses lèvres, je lui dis mon nom, ce qui me valut immédiatement de sa part une poignée de main qui m'engourdit
le bras depuis le bout des doigts jusqu'à la naissance
de l'épaule.

Il paraissait si heureux de sa rencontre avec moi, que je suis sûr qu'il m'aurait à moitié étranglé en me sautant au cou, s'il n'y avait pas eu une table entre nous deux.

Mon *inconnu* me connaissait, non pas comme homme de lettres, je le confesse en toute humilité, mais en ma qualité d'ancien membre de la société de *Rallie-Bour-gogne*, dont il avait beaucoup entendu parler, et qu'il tenait en haute estime depuis le jour où il avait suivi une de ses chasses homériques, dans la forêt de Châ-teau-Villain en Champagne.

A partir de ce moment, la conversation ne languit plus entre nous, et il n'eût bien tenu qu'à moi d'apprendre, séance tenante, tout ce que je désirais savoir sur le compte du singulier personnage qui allait prendre sa place dans mes souvenirs. Mais, comme depuis la découverte que nous venions de faire qu'il existait entre nous le lien puissant d'une passion commune, nous étions convenus de passer ensemble une grande partie de la journée du lendemain, je remis à plus tard ma résolution de savoir à fond son histoire, et je me bornai pour l'instant à continuer l'étude de son caractère par sa conversation.

Dans l'après-midi, il me quitta pour courir la ville, où, disait-il, il voulait s'assurer de l'exactitude des renseignements que lui avait transmis la Verdure. Le soir, nous prîmes bien encore notre repas ensemble, mais ce fut à une table d'hôte, où nous n'étions pas placés l'un à côté de l'autre, ce qui nous empêcha tout naturellement de renouer notre long entretien du matin sur la chasse. Après le dîner, il me proposa de venir avec lui au café, et, sur mon refus, il sortit seul, en me rappelant que nous devions être à cheval à sept heures le lendemain.

Il comptait toujours fermement trouver à l'auberge de la *Bruyère des Fantômes* l'équipage du comte de L..., et chasser avec lui.

A l'heure convenue, le jour suivant, nous quittions la petite ville de C..., par un temps beaucoup plus agréable que celui de la veille. Le vent avait tourné à l'est pendant la nuit, le ciel était dégagé de vapeurs, et tout annonçait une journée des plus favorables au genre de plaisir que nous allions chercher.

Mon compagnon était radieux, et il paraissait si sûr de son fait, que j'aurais cru l'offenser en lui demandant s'il était en mesure de me présenter à ce comte de L... dont il se disposait à suivre la meute dans ma compagnie.

Le pays que nous parcourions était merveilleusement propre à la chasse à courre. Accidenté, sans l'être trop, il présentait, à droite et à gauche de la route que nous suivions, de grandes masses boisées, coupées çà et là par des petites plaines qui devaient amener des débuchers fréquents.

Cette route aboutissait à la *Bruyère des Fantômes*, dont nous atteignîmes les abords après une heure et demie de marche environ.

L'auberge était devant nous à deux ou trois portées

de fusil seulement. Elle s'offrait à mes regards sous la forme d'un pavillon carré revêtu d'une chemise en lait de chaux d'une blancheur éclatante, sur laquelle tranchaient une demi-douzaine de paires de volets du plus riant vert pomme qui se puisse imaginer.

Quant à la bruyère elle-même, c'était un plateau inculte et sablonneux qui pouvait avoir une lieue de long sur une demi-lieue de large. De hautes futaies l'environnaient de tous les côtés, et sur ce fond sombre se détachaient, à l'extrémité la plus éloignée du point où nous arrivions, les ruines du vieux château qui avait motivé mon voyage dans le pays.

Bien que le sol du plateau fût, ainsi que je viens de le dire, inculte et sablonneux, il ne présentait pas à la vue une attristante nudité, car, malgré la saison avancée, il était partout couvert d'un gazon velouté et fin, sur lequel croissaient de distance en distance de vigoureuses touffes de bruyères, de houx, de buis et de genêts. Quand les pieds de nos chevaux rencontraient l'une ou l'autre de ces deux dernières plantes, nous sentions monter jusqu'à notre odorat ces bonnes senteurs rustiques qui sont si agréables à respirer en plein air.

Lorsque je dis *nous*, je fais peut-être beaucoup d'honneur à mon compagnon, qui ne paraissait guère se soucier du mélancolique aspect du site, et encore moins des âpres parfums que le sol exhalait sous les pas de nos montures.

Quand nous eûmes parcouru environ la moitié de la

distance qui nous séparait de l'auberge, Hubert arrêta son cheval.

— Je crois, dit-il en s'adressant beaucoup plus à moi qu'à la Verdure, que nous sommes parfaitement ici pour observer ce qui se passe. Lorsque les chasseurs partiront pour gagner l'endroit où ils ont donné rendez-vous aux valets de limier, nous les suivrons de loin, et une fois l'attaque faite, nous galoperons derrière ou devant les chiens jusqu'à l'hallali.

— Comment ! m'écriai-je, surpris au dernier point, et un peu inquiet du rôle que j'avais accepté sans prévoir à quoi je m'exposais, est-ce que vous ne comptez pas demander à monsieur le comte de L. la permission de vous associer à sa chasse?

— Il sait très-bien, et beaucoup d'autres maîtres d'équipages le savent comme lui, que ce n'est pas mon habitude. J'arrive, je m'amuse comme un dieu de l'Olympe; je fais, quand cela se trouve, mon petit compliment si la chasse a marché à ma satisfaction; je décampe sans tambour ni trompette lorsque c'est le contraire qui a eu lieu, et dans un cas comme dans l'autre, je me dispense de demandes et de remercîments. Un vrai veneur doit toujours être flatté quand on suit sa meute. C'est ma morale, monsieur le marquis, et, avec votre permission, je n'en changerai pas.

Je fis la réflexion que dans la situation où je me trouvais, c'est-à-dire monté sur un locati et vêtu comme un homme de lettres en voyage, une présentation régulière à des chasseurs serait peut-être encore plus ridicule qu'une infraction aux règles du savoir-vivre, qu'on ne saurait pas d'ailleurs à qui attribuer, et ma foi! je répondis à Hubert qu'à tout prendre, puisqu'il aimait la chasse pour elle-même et non pour ses accessoires, tels que les déjeuners, les dîners et les hâbleries du soir autour du foyer de l'auberge, du cabaret ou de la hutte, il avait raison de s'affranchir de toute cérémonie, et que, mon incognito aidant, je prendrais les mêmes libertés que lui pendant toute cette journée que nous devions passer ensemble.

Un quart d'heure après, nous vîmes, de la place où nous étions, un piqueur, suivi d'une vingtaine de couples de chiens, sortir de la cour de l'auberge blanche aux volets verts.

Ils se dirigeaient vers les bois situés à notre gauche, et, sur la lisière de ceux-ci, on apercevait un groupe d'hommes à pied.

Hubert tira d'une des grandes poches de sa veste de chasse une lunette d'approche, l'ajusta, et se mit à examiner le groupe dont je viens de parler.

— C'est le rendez-vous, me dit-il, et ces gens sont les valets de limier déjà revenus de leur quête matinale... Ils ont l'air assez satisfait.

J'allais prendre la lunette pour m'en servir à mon tour, lorsque le grand portail de la cour de l'auberge s'ouvrit de nouveau, et cette fois livra passage aux veneurs eux-mêmes.

Ils étaient neuf, tous très-bien montés et uniformément vêtus d'un costume à la fois élégant et simple.

Un beau vieillard, à la chevelure blanche, cheminait à leur tête, maniant avec une vigueur pleine de grâce un double poney bai-brun, qui, à la distance où nous étions, me parut quelque peu rageur.

Hubert me dit que c'était le comte de L..., puis il ajouta en interrogeant sa montre :

— Dix minutes pour aller là-bas, autant pour écouter le rapport, cela fait vingt ; il suffira que nous nous mettions en route dans un quart-d'heure.

Tout se passa exactement comme Hubert l'avait annoncé. Nous suivîmes d'abord du regard les veneurs dans leur trajet à travers la *Bruyère des Fantômes* pour gagner le rendez-vous ; nous vîmes ensuite leurs gens, gardes ou valets de limier, les aborder le chapeau à la main ; grâce à la lunette d'approche, il nous fut possible d'acquérir la certitude que les termes du rapport épanouissaient tous les visages ; tout cela était vraiment très-original et d'une grande nouveauté pour moi. Je connaissais la chasse au miroir, mais pas encore la chasse à la lunette d'approche.

— Nous pouvons partir maintenant, reprit Hubert en mettant son cheval en mouvement, nous prendrons le trot et même le galop, si c'est nécessaire.

Quand nous arrivâmes sur le terrain du rendez-vous, il n'y avait plus personne ; mais on apercevait quelques cavaliers allant et venant dans une large avenue qui s'enfonçait dans les bois, et, sur la droite de cette route, on entendait de fréquents requêtés de trompe et des voix de chiens déjà chaudes, de seconde en seconde plus nombreuses. — Ça ne tardera pas à lancer, mon vieux La Verdure, — s'écria Hubert en enfonçant d'un coup de poing son large feutre sur son oreille. Monsieur le marquis, nous allons avoir une journée de choix, telle que le hasard seul les donne. Au galop !

II

Hubert avait continué à ne pas se tromper dans ses conjectures, car il s'était à peine écoulé une demi-minute depuis que nous avions commencé à galoper dans la longue et large avenue dont j'ai parlé à la fin du chapitre précédent, qu'une formidable explosion de cris, qui témoignait de la participation de l'équipage tout entier, annonçait que l'animal, attaqué et mis debout par les chiens de tête, avait quitté sa bauge et détalait grand train.

— Suivez-moi à travers le gaulis, — me cria en se retournant sur sa selle mon compagnon, qui avait jus·

qu'à ce moment couru devant moi, et je vous promets, continua-t-il avec le double éclair de la résolution et de la confiance dans le regard, — qu'avant un quart-d'heure je vous aurai conduit sur le passage de la chasse.

Et il se jeta sous bois avec une détermination et une désinvolture qui me rappelèrent l'intrépide Racot, dont j'avais si souvent admiré et envié l'énergie gracieuse pendant nos belles et savantes chasse de : *A moi Morvan* et de : *Rallie Bourgogne.*

Stimulé par l'ardeur des deux chevaux adroits et vigoureux qui le précédaient dans le fourré, à une allure aussi facile et aussi rapide que s'ils eussent couru à travers une plaine rase comme la main, *mon cent sous par jour,* c'est le nom de guerre que j'avais donné à mon souffre-douleur de louage, se piqua si bien d'honneur, que je pus me maintenir assez près de La Verdure et de son maître pour ne jamais les perdre de vue plus longtemps que l'espace de quelques secondes.

Ce fut donc tous les trois ensemble, au peu s'en faut, que nous débouchâmes sur une petite lande placée entre deux cantons de forêt, vers laquelle la meute, que nous n'avions pas cessé un seul instant d'entendre, semblait se diriger en droite ligne.

— Nous pouvons nous arrêter ici presqu'à coup sûr, — me dit Hubert en promenant autour de lui ce regard profond et assuré de l'homme de chasse qui sait qu'il ne se trompera pas en exprimant une opinion après avoir étudié un terrain — le vent continue à souffler du nord, poursuivit-il, les vrais grands bois sont situés vers le midi : il faut donc, de toute nécessité, que l'animal, qu'il soit loup ou sanglier, et il ne peut être que l'un ou l'autre, passe à cette place pour peu qu'il connaisse son affaire.

Comme j'allais déclarer que c'était aussi l'opinion de ma vieille expérience, un robuste ragot de cent soixante à cent quatre-vingt livres, court, trapu et cependant merveilleusement léger à la course, jaillit du bois avec la rapidité d'une boule lancée par un bras vigoureux sur un plan incliné, et traversa la petite lande en un clin d'œil.

Quoiqu'il eût pris dès le lancer une certaine avance sur les chiens, qui ne pouvaient pas percer le fort aussi aisément que lui, ceux-ci, réunis en une seule masse, arrivèrent en plaine, que le sanglier n'avait pas encore disparu dans les épais taillis qui bordaient la lisière de la forêt située à l'autre extrémité de la lande. Ils purent donc donc l'apercevoir un moment par corps, ce qui augmenta singulièrement l'ardeur de leur poursuite et donna à la chasse un aspect beaucoup plus animé et une vivacité toute nouvelle.

Hubert et la Verdure, bien certains alors qu'ils ne pouvaient pas se tromper, commencèrent par applaudir de la voix aux généreux efforts de la vaillante meute qui venait de défiler devant nous, puis, comme s'ils en étaient l'un le maître et l'autre le piqueur, les dégagèrent leurs trompes, et donnèrent successivement la *vue*, la fanfare du sanglier, le débucher, le changement de forêt et plusieurs *bien aller* d'une vigueur peu commune.

Cela fait, ils se remirent au galop en m'engageant à suivre leur exemple.

Le comte de L..., ses amis et ses gens, qui ne s'étaient sans doute pas avisés de couper au court comme nous, n'avaient pas encore paru sur la surface nue et plane de la lande lorsque nous la quittâmes pour rentrer sous le couvert à la suite des chiens et du ragot.

Ce dernier continua de filer droit devant lui avec une vitesse soutenue pendant plus d'une heure et demie. Tantôt il traversait des cantons de bois coupés de nombreuses *cavalières*, et alors nous pouvions serrer la chasse de près; tantôt il s'engageait dans d'immenses tailles de six ou sept ans, sans un seul chemin ou sentier, et il nous fallait comme lui nous jeter à corps perdu dans le fort pour continuer à nous maintenir sur ses traces.

Si mes deux compagnons semblaient s'arranger aussi bien de l'un que de l'autre, il s'en fallait de beaucoup qu'il en fût de même de moi, et j'avoue humblement que j'avais infiniment plus de plaisir à galoper derrière eux dans une route ou seulement dans une modeste coulée à l'usage des piétons, que sous des gaulis qui m'obligeaient à me coucher à tout moment sur l'encolure de mon cheval, pour n'être pas enlevé de ma selle et jeté par terre, ou parmi des broussailles épineuses dont je sentais les innombrables dards me larder les cuisses et les bras à travers mon pantalon et ma veste, sans compter les estafilades qu'ils me faisaient dans la figure,

Toutefois, je continuai à faire bonne contenance, quoique j'eusse un peu perdu l'habitude de ces petites misères de la vie de chasseur, et dans toutes les occasions où Hubert se retourna vers moi pour m'adresser la parole, je pus lui montrer un visage assez ferme, et lui dire sans trop d'exagération que j'étais toujours satisfait de ma rencontre avec lui et de ma résolution de m'être associé à sa chasse de contrebande.

Evidemment si l'animal que nous poursuivions à outrance avait fait un seul retour, nous nous serions forcément trouvés sur le chemin des veneurs qui n'avaient pas eu, comme nous, la bonne pensée de prendre les devants dès le lancer, et, dans ce cas, je ne sais pas trop comment nous aurions pu faire pour nous dispenser convenablement d'échanger avec eux au moins quelques mots de politesse.

Heureusement cette circonstance ne se présenta pas, et tout nous annonçait déjà un hallali prochain, qu'il n'y avait encore sur le théâtre de l'action que nous trois pour *servir* l'équipage.

Celui-ci, du reste, semblait avoir autant de confiance en Hubert et en la Verdure que s'il eût été habitué de longue date à obéir à leurs cris et à leurs fanfares.

Vers les deux heures de l'après-midi, et à la suite d'un assez long débucher à travers des terres labourées humides et grasses, notre ragot, qui avait beau-

coup *baissé de pied* depuis cette dernière épreuve,
commença à se faire battre et même à bourrer vigoureusement les chiens, marque certaine qu'il ne tarderait plus guère à tenir les abois d'une façon sérieuse.

J'en fis l'observation à mon compagnon, et je l'enga-
geai même à sonner quelques appels forcés dans deux
ou trois directions différentes pour prévenir le comte
de L., son piqueur ou l'un de ses amis de ce qui se
passait.

— C'est que je n'aime que très-médiocrement à me
mêler d'une manière aussi directe de ce qui ne me regarde pas, me répondit-il. Je parle volontiers de ma
voix ou de ma trompe aux chiens, parce que je suis
bien sûr qu'aucun d'eux ne s'avisera de me dire qu'il
n'a pas de conseil à recevoir de moi; mais, lorsque
l'on n'appartient pas à une armée, donner à entendre
au général qu'il a tort de ne pas être sur le terrain où
ses soldats se battent, c'est beaucoup de familiarité
pour un homme de ma trempe. Cependant, autant pour
vous être agréable que parce qu'il y a urgence, en
effet, je consens à déroger à mes habitudes... Voyons,
La Verdure, deux appels chacun et du plus creux de la
poitrine.

Des appels furent sonnés, répétés encore après une
couple de minutes, et à la suite de l'une et de l'autre
reprise, nous écoutâmes attentivement tous les trois
pour savoir si personne ne répondait à ce signal qui
annonce toujours quelque grave accident.

Mais nous eûmes beau prêter l'oreille, nous n'entendîmes d'autres bruits que les incessantes clameurs des chiens, et par leur vivacité et leur direction elles nous annonçaient clairement que nous ne tarderions pas à avoir sur les bras la responsabilité d'un hallali terrible.

— Puisque personne ne vient, dit Hubert en remettant sa trompe sur son épaule, nous sommes bien obligés de faire la besogne nous-mêmes... J'ai eu déjà plus d'une bonne fortune de ce genre dans le cours de ma vie vagabonde. Allons, monsieur le marquis, il est temps de nous rapprocher de ces vaillants toutous... Plus que temps même, ajouta-t-il après avoir écouté de nouveau, mais cette fois dans la direction de la chasse, car il me semble avoir distingué quelques cris de détresse au milieu de tous les autres.

Et il poussa son cheval vers le théâtre de la lutte, dont nous n'étions séparés que par une lisière de bois très-étroite.

Ce n'était pas encore un aboi ferme, mais un hallali courant que le sanglier tenait dans une sorte de pâture close où il avait pénétré, et les chiens à sa suite, je ne saurais dire comment, car nous fûmes obligés d'ouvrir une barrière pour y pénétrer nous-mêmes.

Le pâture qui n'avait guère que cinq ou six arpents d'étendue, formait un véritable champ-clos où ragot et meute combattaient avec une égale vaillance, mais non avec des chances pareilles, car la peau du premier était encore intacte, tandis que l'autre comptait déjà plusieurs des siens couchés sur le carreau, les uns blessés et les autres morts.

Nous demeurâmes quelques instants spectateurs passifs, quoique non indifférents, de cette émouvante et curieuse scène. Sans droit pour y mettre un terme par une balle ou un coup de couteau de chasse à l'adresse du redoutable ragot, nous nous bornions à nous précipiter avec nos chevaux entre lui et l'équipage, chaque fois qu'il se ruait sur ce dernier, afin de ralentir un peu la dangereuse force d'impulsion de ses charges ; mais, malgré nos efforts, le nombre des victimes augmentait de minute en minute, et il n'arrivait toujours personne de la compagnie du comte de L.

— Ça ne peut pourtant pas durer comme cela jusqu'au moment où ce diable d'animal restera tout seul et triomphant sur le champ de bataille, s'écria Hubert : Qu'en pensez-vous, monsieur le marquis ?

— Mais il y a longtemps que je suis de cet avis, répondis-je.

— Voulez-vous le servir d'une balle ? reprit-il. Ma carabine est à vos ordres.

— J'ai plus de confiance en votre coup d'œil que dans le mien, monsieur Hubert,... D'ailleurs, comme ce n'est par la première fois que vous suivez une chasse du comte de L., il vous est plus permis...

Avant que j'eusse achevé ma phrase, dont la fin se devine, il s'était jeté à bas de son cheval, et le couteau de chasse à la main, il courait sus au ragot, qui venait d'ouvrir la gorge à une chienne de la plus merveilleuse beauté et d'un courage vraiment extraordinaire.

Atteint au défaut de l'épaule, le terrible animal

17.

tomba pour ne plus se relever, et les chiens qui n'avaient pas été blessés encore et ceux qui ne l'étaient que faiblement, se ruèrent sur lui pendant que Hubert et La Verdure sonnèrent l'hallali par terre.

Quand ce fut fait, ils parcoururent tous les deux le champ de bataille pour ramasser les nombreuses victimes de cette lutte, l'une des plus belles et des plus dramatiques dont j'aie été jamais témoin, et les ayant toutes successivement apportées près de moi, ils ne s'occupèrent plus qu'à secourir, avec autant de zèle que d'intelligence, celles qui pouvaient être sauvées, sinon pour la chasse, au moins pour le coin du feu de la cuisine, qui sont les invalides des chiens courants.

Le maître et le serviteur avaient chacun une trousse dans leur poche, et ils ne tardèrent pas à me démontrer qu'ils étaient également experts à se servir des instruments qu'elles contenaient.

En moins d'une demi-heure, tous les boyaux traînants sur le sol furent nettoyés, détortillés et remis à leur place; les plaies béantes, rapprochées délicatement et réunies par des points de suture très-bien combinés, et les lambeaux de peau ou de chair trop déchiquetés pour pouvoir être utilement recousus, enlevés à l'aide du bistouri ou des ciseaux courbes avec une dextérité à nulle autre pareille.

— Maintenant, dit Hubert en quittant le théâtre de l'ambulance pour se rapprocher du ragot mort, sur lequel l'équipage *jouissait* toujours, il ne nous reste plus qu'à faire la curée chaude, après quoi nous pour.

rons nous retirer le cœur content et la conscience au large... Si nous trouvons quelques-uns de ces messieurs en route, nous leur raconterons l'affaire en deux mots, et j'espère qu'ils voudront bien reconnaître, tout amour-propre à part, que M. le comte de L. me doit une fameuse chandelle... Sans moi, il n'aurait pas douze chiens vivants à l'heure qu'il est.

— Quoi ! pendant que vous y êtes, vous n'enterrez pas les héros morts ? lui demandai-je d'un ton involontairement goguenard, car je n'en revenais pas du sans-gêne et de l'aplomb avec lesquels il procédait, après m'avoir dit qu'il n'aimait pas à se mêler des affaires des autres.

— Il faut bien leur laisser un petit plaisir à ces pauvres camarades égarés, me répondit-il en riant. Vite, La Verdure, le grand couteau, et à l'œuvre pour en finir.

La curée fut faite, depuis l'enlèvement des *suites* jusqu'à l'écoulement du sang qui remplissait la poitrine, selon toutes les règles de la science de la vénerie, et nous remontâmes à cheval, laissant les chiens occupés à se disputer le foie, le cœur et les entrailles du ragot.

Comme nous retraversions la petite lisière de bois dont j'ai parlé, nous nous trouvâmes en face du comte de L. et de son piqueur, qui accouraient au grand galop.

Hubert, ainsi qu'il l'avait annoncé, expliqua brièvement les choses au vieux gentilhomme, reçut de lui un remercîment laconique, mais courtois ; puis, comme j'avais cheminé pendant ce temps-là avec La Verdure, il nous rejoignit au galop, nous conta ce qui s'était passé, et nous continuâmes notre route vers la petite ville de C..., que nous atteignîmes encore avant la nuit.

Au moment où nous mettions pied à terre dans la cour de notre auberge, je dis à Hubert, qui m'avait appris, chemin faisant, qu'il comptait repartir le lendemain de bonne heure pour s'en aller, dans une autre direction, à la découverte de quelque nouvel équipage moins maltraité que celui que nous venions de quitter :

— Mon cher compagnon, vous m'avez procuré un grand plaisir ce matin : il faut maintenant que vous m'en fassiez par vous-même un autre ce soir... Je pourrai alors me vanter d'avoir passé une journée complète.

— De tout mon cœur ! De quoi s'agit-il ?

— D'accepter un modeste dîner d'auberge dans ma chambre, et de vous dispenser de vous rendre au café, suivant votre coutume, en sortant de table, afin de me donner le plus de temps possible jusqu'à l'heure où nous irons nous reposer tous les deux.

— Je ne demande pas mieux, monsieur le marquis, et c'est un grand honneur que vous me faites ; mais j'ai peur de n'être qu'une bien pauvre société pour un homme qui compose des livres... Je ne sais que parler chasse, et, vous, vous n'avez pas que cela dans la tête, comme moi.

— Détrompez-vous, monsieur Hubert. D'abord, je

vous trouve un fort aimable compagnon, et ensuite c'est justement en ma qualité d'homme qui *compose des livres*, comme vous dites, que je regarde qu'une heure ou deux de bonne conversation au coin du feu avec vous est un véritable coup de fortune.

Il sembla méditer pendant quelques instants le sens de mes paroles, puis il s'écria avec une vivacité toute joviale :

— Je vois d'ici votre affaire ! vous voulez me *soutirer tout doucettement* mon histoire, et vous l'arrangerez plus tard à votre guise.

— Sans compliment, je la suppose suffisamment originale par elle-mêne pour qu'elle n'ait pas besoin d'être arrangée... Eh bien ! à présent que vous avez deviné juste, puis-je savoir si vous me laisserez toute latitude de raconter au public ce que vous aurez la bonté de m'apprendre sur votre compte.

— Je vous donne carte blanche, monsieur le marquis ; mais ça ne sera pas aussi curieux que vous paraissez le croire.

Deux heures après, ayant très-bien dîné, nous étions assis devant un bon feu, séparés l'un de l'autre par une table dont le milieu était occupé par deux verres, un énorme bol de vin chaud et un paquet de cigares, déjà fort entamé.

Je rappelai à Hubert la promesse qu'il m'avait faite, et il commença en ces termes l'histoire de sa vie de veneur vagabond.

III

« Malgré les apparences, monsieur le marquis, et en
dépit de ce simple nom d'Hubert, de cette modeste suite
d'un seul serviteur, de ce pauvre équipage de deux
chevaux qui ne sont plus dans la fleur de l'âge, et de
ce costume de chasse plus que rustique, dont l'étoffe
grossière montre la corde, ma famille, quand j'en
avais une, était alliée aux plus illustres maisons de
France et des Pays-Bas... Vous me permettrez de ne
pas vous dire son nom. Quand une grande race est
déchue de manière à ne pouvoir plus se relever, il y a
quelque chose de mieux à faire que de se cramponner

aux débris de sa splendeur, c'est de la laisser tomber dans l'oubli avant même qu'elle soit tout à fait finie par l'extinction du dernier de ses membres : on se raille encore de ce qui végète dans l'obscurité après avoir vécu avec éclat, on ne parle plus de ce qui est mort. »

Mon compagnon prononça ces dernières paroles avec une insouciance qui n'était pas complétement exempte d'un certain fond de mélancolie, et ayant avalé un grand verre de vin chaud, que je lui avais versé par précaution, en voyant que son récit tournait au triste, il reprit :

« Ma noblesse aujourd'hui consiste en mon nom de baptême, qui est celui du patron des chasseurs, et ne vous en déplaise, monsieur le marquis, je trouve qu'elle en vaut bien une autre.

« Nous sommes originaires, cela remonte haut dans le passé, soit dit en manière de parenthèse, des environs de Château-Porcien, petite ville qui, si je ne me trompe, faisait autrefois partie du vaste domaine de la maison de Bouillon, avec laquelle nous avons eu deux ou trois fois alliances aux xve et xvie siècles. Château-Porcien est situé, comme vous le savez peut-être, entre le Soissonnais, la Champagne vineuse et les Ardennes, cette contrée couverte de vieilles forêts giboyeuses et coupée de sombres vallées propres aux hallalis dramatiques, où mon saint patron a passé les plus gais et les plus glorieux jours de son heureuse et honorable vie.

« Mon père, avant la grande révolution de 1789, entretenait dans notre antique manoir un des plus beaux équipages du pays pour le sanglier et le loup, et il a puissamment contribué à l'amélioration de la race canine ardennaise, qui n'a commencé à déchoir qu'après sa mort, arrivée en 1825. Il avait été dans sa jeunesse lié avec les plus fameux veneurs du temps, et en particulier avec la comtesse Diane de Brého, qui lui avait dit un jour, à la suite d'un hallali de cerf, où il avait attendu de pied ferme l'animal qui se ruait sur lui avec fureur : — *Si jamais je fais la folie de me re-marier, ce sera avec vous; mais que cela ne vous em-pêche pas de chercher une autre femme.*

« Je vous ai dit que mon père était mort en 1825. A cette époque, quoiqu'il eût encore conservé en appa-rence d'assez jolis débris de fortune, tout le monde le savait gêné, mais nul ne pouvait croire qu'il fût pres-que à bout de voie, ce qui était pourtant la vérité, à ce point que s'il eût vécu encore un an, il aurait été contraint de mettre bas sa maison, à commencer par son train de chasse, qui en avait toujours été la plus grosse dépense, conformément aux vieilles tradi-tions de la famille.

« Quand les affaires de la succession furent termi-nées, c'est-à-dire tous les biens vendus, depuis le châ-teau jusqu'au dernier lopin de terre, et tous les créan-ciers satisfaits, un vieux chanoine de Rethel, qui était tout à la fois mon oncle et mon tuteur, car il s'en fal-lait de deux ans encore que je fusse majeur dans ce temps-là, m'annonça un beau matin qu'il ne me restait plus qu'une soixantaine de mille francs, que le bonhomme avait placés à long terme, de manière à me faire un petit revenu net de mille écus.

« Cette nouvelle, à laquelle j'étais bien loin de m'attendre, fut un véritable coup de foudre pour moi. Mille écus de rente ! C'était le chiffre de ma pension de jeune homme, et elle suffisait à peine à mon entretien ! Il me fut donc facile de voir d'un seul coup d'œil quel serait mon avenir à partir de ce moment.

« Depuis l'âge de dix ans, je n'avais fait autre chose que chasser avec mon père, souvent en compagnie des gens les plus riches de la province, et toujours en grand équipage de chevaux, de chiens et de piqueurs ; de plus, aucun autre goût n'était venu encore faire diversion dans mon esprit à celui de la vénerie de premier ordre. Ainsi, la ruine dont j'héritais bouleversait mon existence de fond en comble, et, avec l'éducation que j'avais reçue, je n'étais guère capable de m'en recréer une autre par moi-même.

« J'aurais bien voulu ne pas renoncer à la chasse, et je crus d'abord que je n'y serais pas obligé. Cependant, tout calcul fait, je finis par en arriver à reconnaître que non-seulement il y aurait impossibilité pour moi d'entretenir la plus modeste meute, mais encore que quatre ou cinq chiens, que je conduirais moi-même au bois, et un porte-choux pour monture m'entraîneraient dans des dépenses trop fortes pour ma fortune très-bornée. J'ai couvert de chiffres bien des rames de

papier pour trouver toujours le même résultat déses-
pérant.

« Il me restait bien la ressource de me réunir de
temps en temps aux anciens amis de mon père, qui
possédaient tous de bons équipages, et dont aucun
n'avait cessé encore de me témoigner beaucoup
d'intérêt ; mais ma fierté naturelle se révoltait à
l'idée de donner le spectacle de ma gêne à ceux qui
avaient été les témoins de notre prospérité, et je
me promis de plutôt renoncer à mon unique passion que d'avoir jamais recours à ce moyen de la satisfaire.

« Je passai dix-huit mois à Saint-Porcien, dans une
solitude complète, malade, triste, et chaque jour un
peu plus dégoûté de la vie. Quand j'entendais des
chiens et des chevaux passer sous mes fenêtres, ou
une fanfare retentir au loin dans la campagne, je me
bouchais les oreilles et je trépignais des pieds comme
un enfant furieux de son impuissance à réaliser ses
désirs.

« Un jour je me levai plus gai : j'avais imaginé, en
songeant dans mon lit, qu'un bon mariage pourrait
me rendre cette fortune que le hasard de la destinée
m'avait ravie, justement à l'époque où j'aurais pu en
mieux jouir encore qu'auparavant.

« Quarante-huit heures après, je quittais Château-
Porcien sans tambour ni trompette, et en lui laissant
pour adieu ma malédiction, et je venais m'établir à
Épernay, avec le dessein bien arrêté d'y trouver une

héritière parmi les nombreuses familles de négociants riches de cette petite ville célèbre.

Ici le narrateur s'interrompit de nouveau, et je crus voir, à une certaine altération qui se peignait sur son visage, toujours si énergique, qu'il approchait de la partie pénible de son histoire. En conséquence, je lui versai une seconde rasade de notre vin chaud, devenu froid, et il continua son récit de la manière suivante :

« J'étais jeune, et, je puis le dire aujourd'hui, assez beau garçon. Je me mis à la danse, en homme à qui tous les exercices du corps sont familiers naturellement, et dans les déjeuners et dîners que se donnaient entre eux messieurs les négociants d'Epernay, je buvais de la façon la plus flatteuse pour les provenances de leurs caves. Il résulta de la force de mon jarret et de la solidité de ma tête, que, tout ruiné que j'étais, on me fit fête partout.... Je prendrai la liberté, M. le marquis, de vous rappeler que j'avais en outre, à cette époque, un beau nom et un titre, deux choses qui jouissaient encore d'un certain prestige sur le bourgeois d'alors.

« Effectivement, la fortune, aidée de ces circonstances heureuses, eut l'air de vouloir me sourire, car il n'y avait guère plus d'un an que j'habitais Epernay, lorsque j'obtins la main de mademoiselle Henriette C., fille unique qui avait reçu une éducation excellente dans un établissement orthopédique de Paris, et dont le père passait généralement pour avoir deux millions de fortune, tant dans ses vastes celliers que sur les côteaux qui entourent la ville.

« Les conditions du mariage me permettaient de caresser les plus beaux rêves. Mon beau-père nous hébergeait chez lui à Épernay et à la campagne, et j'avais eu le soin de faire glisser dans le contrat cette petite clause passablement perfide : *avec leurs gens, leurs chevaux et leurs chiens.* En outre, le digne homme ava assuré, ou du moins promis à sa fille une pension de vingt-cinq mille francs, ce qui, avec mes mille écus de rente, nous constituait une fort agréable aisance pour la province.

« Dès le commencement de ma lune de miel, j'avais écrit à une de mes vieilles connaissances des Ardennes de m'acheter une meute et de demander à l'ancien piqueur de mon père s'il consentirait à rentrer à mon service, et il me tardait que cette lune fût finie, afin de m'en aller de ma personne à Paris, choisir deux ou trois bons chevaux.

« Je restai quinze jours dans ce petit voyage, et quand j'en revins, ramenant deux vigoureux Irlandais, je trouvai ma meute arrivée sous la conduite de notre vieux piqueur et de son fils La Verdure, qui est encore avec moi aujourd'hui, et dont je ne me séparerai jamais, s'il plaît à Dieu.

« J'avais convoqué tous les veneurs du pays pour une grande chasse d'inauguration de mon équipage, que je comptais faire, la semaine suivante, dans la forêt de Saint-Martin, lorsque certaines rumeurs sinistres, qui circulaient depuis quelques temps dans la ville, à mon insu, arrivèrent à mon oreille. Les affaires de mon beau-père, M. C., étaient en mauvais état, et une faillite semblait imminente. Elle éclata en effet la veille du jour où ma grande chasse devait avoir lieu.

« C'était moins une faillite qu'une véritable déconfiture, puisque M. C., qui avait bien deux millions, en devait quatre. J'étais donc ruiné une deuxième fois sans avoir joui de ma seconde fortune, et j'avais sur les bras une femme très-imparfaite au moral, un peu contrefaite au physique, et qui avait la chasse en horreur.

« Cette fois, je ne me contentai pas de souhaiter mourir de chagrin, car je faillis me tuer de désespoir. Enfin, les créanciers de M. C., qui pouvaient tout lui retenir, laissèrent cent mille francs à sa fille, a condition qu'elle prendrait soin de lui jusqu'à la fin de ses jours, et quand ce point important fut réglé, on vint me proposer de la part de ma femme, qui redoutait mes goûts de dépense, une séparation à l'amiable que je me hâtai d'accepter.

« J'obtins ensuite des gens qui m'avaient vendu mes chiens de les reprendre, et je trouvai à placer avantageusement mes deux chevaux à Epernay même.

Je retombais donc dans les bras de mes mille écus de rente, et je n'avais plus la ressource de m'enrichir par un mariage !

« J'étais sur le point d'aller me renfermer à la

Trappe, ne voyant pas d'autre issue à ma déplorable situation, lorsque La Verdure, qui m'avait pris en si grande amitié qu'il s'était refusé de suivre son père quand ce dernier m'avait quitté pour retourner au pays avec ma pauvre meute, revendue sans même avoir été essayée, lorsque La Verdure, dis-je, me proposa de remplacer mes Irlandais par deux chevaux plus communs, moins vites et surtout propres à de longues fatigues, et d'entreprendre, de compagnie, un voyage à travers la France pour esssayer de me distraire.

« J'avais lu, dans mon enfance, *Don Quichotte* et *Gil-Blas*, et le souvenir de leurs nombreuses aventures, que je retrouvai tout de suite dans un coin de ma mémoire, me fit accueillir avec une sorte de joie dont je ne me croyais plus susceptible la proposition de La Verdure.

« En moins d'une semaine tous mes préparatifs furent faits, et un matin, une heure avant le jour, nous sortîmes d'Epernay par la route qui conduit à Bar-le-Duc, sans avoir aucun itinéraire tracé d'avance.

« Le dimanche suivant, comme nous nous rendions de Chaumont à Neufchâteau, nous entendîmes, sur notre gauche, une meute assez nombreuse qui chassait à pleine voix au fond d'une gorge étroite, toute retentissante d'échos d'un admirable effet. Peut-être aurions-nous passé outre, La Verdure et moi, bien que cette harmonie si provoquante pour nos imaginations nous eût remués jusqu'au fond de l'âme ; mais nos chevaux s'arrêtèrent court, se mirent à hennir et à dresser les oreilles, et ma foi nous les laissâmes écouter et gratter le sol du pied sans bouger de place aussi long-temps qu'ils le voulurent.

« Cela ne dura que cinq ou six minutes, car les chiens, qui chassaient toujours en se rapprochant de nous, ayant traversé la route sous nos yeux derrière un sanglier énorme, qu'ils serraient de près, nos en-ragés chevaux nous entraînèrent sur leurs traces, et cette fois nous cédâmes plus volontiers encore que la première à leur fantaisie.

« Le sanglier fut forcé au bout de deux heures, sans que personne eût rejoint la meute, que nous n'avions pas cessé un seul instant de suivre et de servir de la trompe et de la voix. La Verdure tua l'animal aux abois d'un coup de carabine, et nous nous en vînmes gaîment coucher dans un bourg nommé Clefmont.

« Je passai la nuit à tourner et à retourner dans ma tête la singulière aventure de la journée précédente, et je me dis que si j'en avais seulement une comme cela par semaine du 15 septembre au 15 mars, je serais, avec mes pauvres petits mille écus de rente, le plus heureux veneur du monde.

« A mon réveil, je communiquai mon inspiration à La Verdure, et il en fut aussi enchanté que moi, si bien que nous nous transformâmes, dès le lendemain, en veneurs vagabonds.

« Les débuts de cette existence exceptionnelle, je ne crains pas de la qualifier ainsi, furent laborieux et parfois même décourageants ; mais quand nous eûmes

acquis une connaissance un peu approfondie de la sta-
tistique cynégétique de la France, nous commençâmes
à meuer une vie vraiment délicieuse. Point de soucis,
point de dépenses au-dessus de mes moyens bornés,
point de fausses politesses à des gens dont vous ne
vous souciez guère, et qui ne se soucient pas plus de
vous dès que vous avez le dos tourné... Je vous assure,
monsieur le marquis, que je pourrais aujourd'hui
avoir un équipage à moi, que j'hésiterais longtemps
avant de me donner cette satisfaction de pure vanité...
On finit toujours à la longue par se dégoûter de ce qui
vous appartient, jamais de ce qui est aux autres... Demandez plutôt à certains hommes mariés qui, ayant
des femmes charmantes, s'en vont faire la cour à la
bossue ou à la grêlée du voisin... Voilà toute mon histoire, et il y a bientôt quinze ans qu'elle dure comme cela.
Elle n'a rien d'extraordinaire, ainsi que je vous l'avais
dit d'avance, et cependant je ne la troquerais pas
contre une autre beaucoup plus brillante. »

— Elle m'a vivement interressé, et je la trouve fort
originale, répondis-je. Mais permettez-moi de vous
demander comment, avec vos mille écus de revenus,
vous pouvez faire face à tous les frais, grands et petits,
de votre vie nomade. Pour ne parler que d'un détail,
c'est déjà un loyer très-cher qu'une chambre d'auberge tous les jours.

— Pas autant que vous le croyez, et d'ailleurs mon
oncle le chanoine m'a laissé une dizaine de mille francs;
je les ai réunis à mes soixante mille, et j'ai placé le

tout à fond perdu, de sorte qu'aujourd'hui je suis réellement à mon aise. Quand la morte-saison de la chasse arrive, nous nous retirons dans quelque village gai, où le vin est bon et le sexe faible beau, et là nous faisons pendant six mois de la pastorale, mais pas dans le genre de M. de Florian, dont j'ai lu aussi les œuvres autrefois, quand mon pauvre père me mettait en pénitence dans sa bibliothèque pour me dégoûter de la lecture.

— Et dans vos nombreuses pérégrinations à travers la France, vous est-il arrivé de retourner dans les Ardennes et en Champagne? demandai-je à mon nomade.

— Déjà deux fois, monsieur le marquis. A Château-Porcien, j'ai suivi trois chasses d'anciens camarades à moi qui ne m'ont pas reconnu, et à Épernay, j'ai passé une soirée entière au spectacle à côté de ma femme, dont les regards se sont arrêtés sur moi avec une douceur qu'ils n'avaient jamais eue pendant notre lune de miel... Quand nous nous sommes séparés, elle n'était bossue que par derrière, et maintenant elle l'est aussi par devant... Jugez si j'ai été heureux qu'elle eût une aussi mauvaise mémoire!

Cette dernière boutade, prononcée avec un sérieux des plus comiques, me fit rire aux éclats, et ce fut toujours riant que je remerciai Hubert de sa curieuse et amusante histoire. Je ne l'ai plus rencontré depuis ce jour; mais j'ai le très-véritable plaisir de recevoir de temps en temps de ses nouvelles, datées tantôt d'un lieu et tantôt d'un autre, car il n'a pas encore renoncé à sa vie de veneur errant, et tout récemment il m'a demandé si je serais encore l'été prochain à Moulins ; dans ce cas il me verrait à son passage pour se rendre à Vichy, où il conduit une vieille jument vaillante qui a le foie malade.

FIN

TABLE DES MATIÈRES

FIN DE LA TABLE.

OUVRAGES D'ERNEST CAPENDU.

LAGNY. — Imprimerie de A. VARIGAULT.

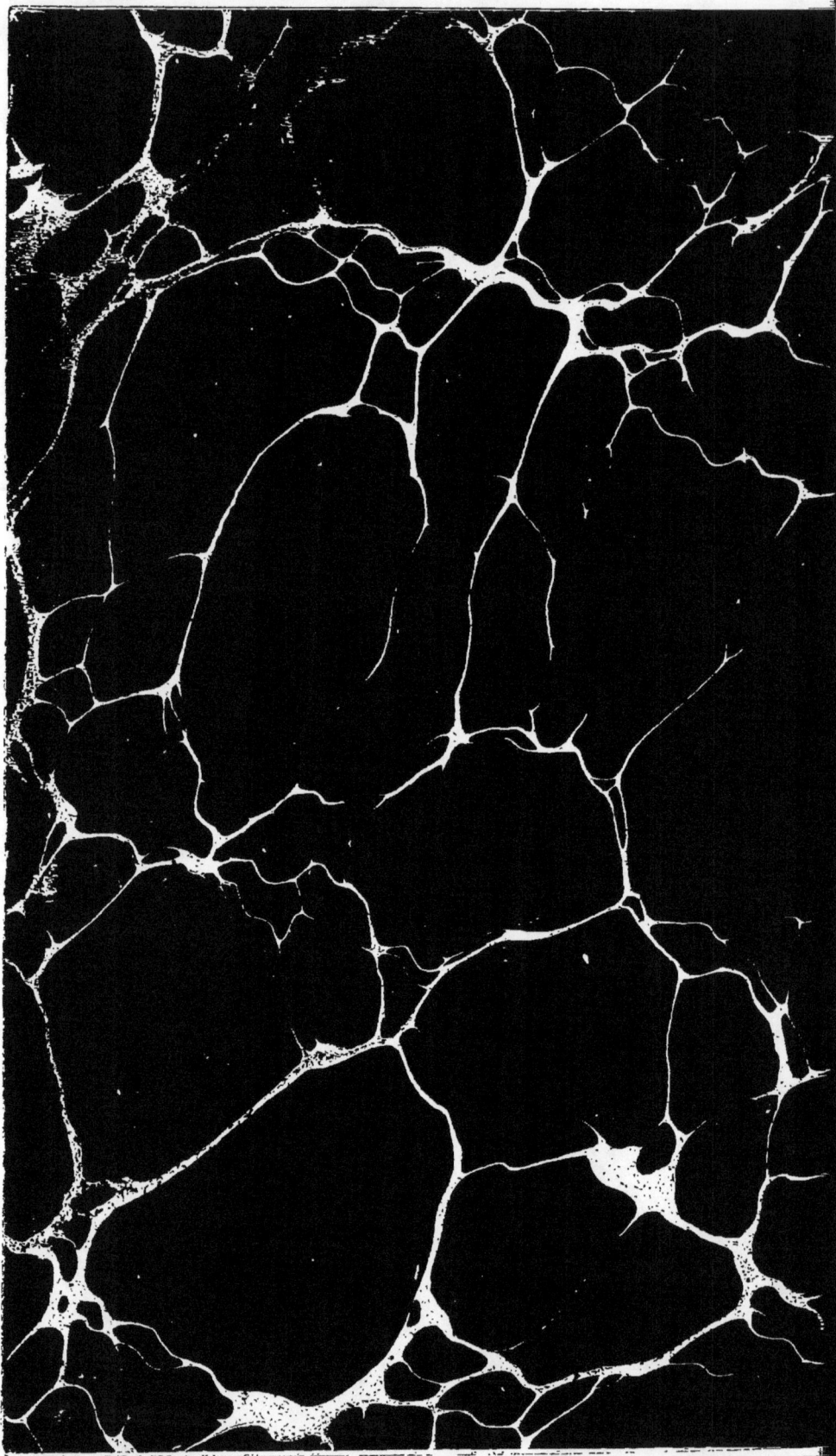

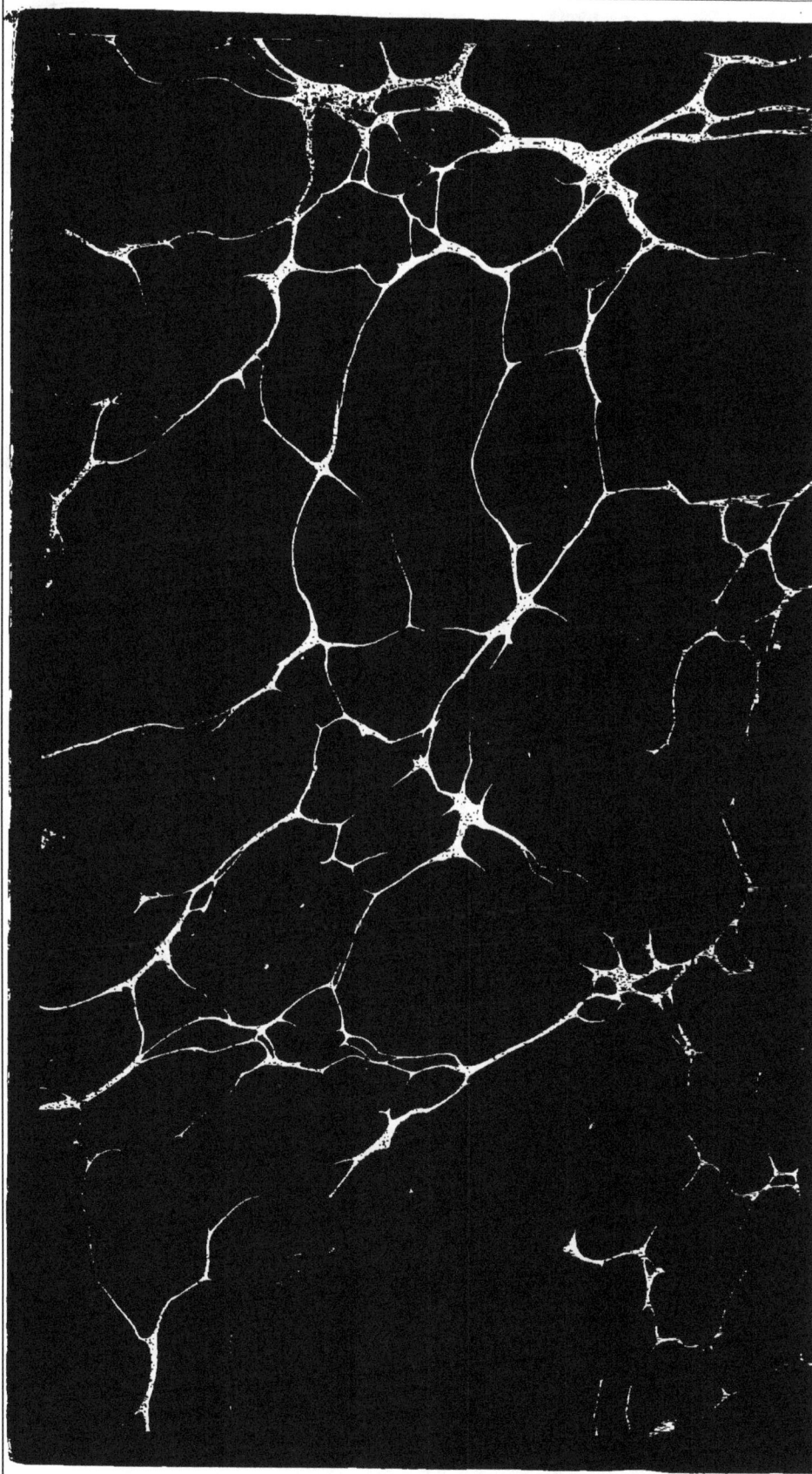